Etude Synoptique

DE LA

CHIMIE ÉLÉMENTAIRE

A L'USAGE DES CANDIDATS
AUX BACCALAURÉATS ES-SCIENCES & ES-LETTRES
ET AUX ECOLES DU GOUVERNEMENT

par

C.L. — BOUILLOT

St ÉTIENNE
LIBRAIRIE CHEVALIER
Rue Gérentet, 4.

1876

Préface

L'étude de la Chimie est, au début, particulièrement aride et pénible ; on n'y retrouve pas cette méthode rigoureuse, ce jalonnement obligé qui guident dans la plupart des autres sciences. Nous avons cru bien faire en indiquant, à défaut d'une méthode stricte que ne comporte pas la nature des choses, des moyens propres à aider la mémoire.

L'uniformité dans la manière d'étudier les différents corps est, sans nul doute, un de ces moyens. C'est pourquoi, nous avons réuni, dans un tableau synoptique, les propriétés générales communes à tous les métalloïdes. Toute une phraséologie embarrassante pour la mémoire, se trouve de cette façon, provisoirement écartée. On apprendra dans ce tableau plus vite que dans un ouvrage complet, les propriétés saillantes d'un corps pour terminer ensuite l'étude de ce corps, on aura recours aux auteurs ; cette manière de travailler sera il nous semble, la plus profitable

Ⓒ Cette première étude de notre tableau déjà fort utile en elle-même sera précieuse en face de l'examinateur. L'ordre suivi étant toujours le même on n'oubliera rien, dans la description d'un corps, dans l'énumération de ses propriétés. Mais c'est surtout dans l'heure qui précède l'examen que l'utilité devient plus frappante. On reverra son cours en quelques instants. Dans cette prévision, nous avons cru bon d'ajouter aux tableaux les définitions et les notions préliminaires indispensables de la chimie.

Indiquer seulement cette façon d'étudier eût sans doute été de quelque utilité; nous avons pensé rendre un plus grand service en présentant le travail fait d'avance d'une manière complète.

Notions Préliminaires.

Un corps est une partie de l'espace limitée & impénétrable.

L'étude des phénomènes que les actions des corps les uns sur les autres comprend 2 divisions : Phénomènes physiques, phénomènes chimiques.

Les phénomènes physiques sont passagers, & n'altèrent en aucune façon la composition des corps.

Les phénomènes chimiques au contraire sont caractérisés par des altérations profondes dans la constitution des corps

L'électrisation d'un corps par le frottement, la fusion d'un corps solide l'allongement d'un corps par la chaleur, l'aimantation d'un corps, sont autant de phénomènes physiques.

L'oxydation du fer, ou formation de la rouille, la combinaison du soufre & du cuivre etc etc, sont des phénomènes chimiques, car de l'oxydation du fer il naît un produit, la rouille, qui est complètement différent du fer & de l'oxygène qui ont servi à le former; de même la combinaison du soufre & du cuivre donne le sulfure de cuivre qui est un corps nouveau possédant des propriétés particulières

Le but de la Chimie est l'étude des phénomènes chimiques.

On distingue les corps en corps simples & corps composés.

Un corps est dit simple quand on n'a pu en retirer qu'une seule & même substance.

Un corps composé est celui dont on peut retirer plusieurs autres corps doués de propriétés différentes. L'eau est un corps composé ; en effet, si nous la soumettons à l'influence d'une pile électrique, nous en retirerons 2 corps : l'oxygène & l'hydrogène. L'oxyde de mercure est un corps composé, car si nous le chauffons, nous recueillerons 2 corps : le mercure de l'oxygène.

Les corps composés de 2 substances sont dits corps binaires; ceux formés de 3 corps simples sont dits ternaires, etc.

Les corps se présentent sous trois états différents; ils sont solides, liquides ou gazeux. Beaucoup de corps peuvent affecter ces 3 états: l'eau, le soufre, l'acide carbonique, etc ——

D'autres ne se présentent que sous 2 états: le platine & la cire, par exemple. Enfin il en existe qui ne sont connus que sous un seul état, les gaz permanents par exemple, ne sont connus qu'à l'état gazeux. etc —

Analyse, Synthèse. – L'analyse est une expérience par laquelle on met en liberté les corps simples qui forment un corps composé. L'analyse qualitative est celle qui se borne à faire connaître les corps simples qui renferme le composé soumis à l'analyse. – Quand on a déterminé la quantité, le poids de chacun de ces corps simples, on a fait une analyse quantitative.

La synthèse est l'expérience par laquelle on reconstitue le composé à l'aide de ses composants. Cette expérience sert quelquefois à chercher la composition d'un corps. Pour l'acide carbonique, par exemple, on met dans un ballon un morceau de carbone, on y fait entrer aussi de l'oxygène. Par un moyen quelconque, on enflamme le carbone. On reconnaît qu'il prend naissance un gaz, & que c'est de l'acide carbonique. Et si l'on connaît d'avance les quantités d'oxygène & de carbone que contenait le ballon on pourra en tirer la composition de l'acide carbonique.

Cohésion, Affinité. – La cohésion est la force qui réunit les molécules d'un corps. Cette force grande dans les solides s'affaiblit dans les liquides & devient complètement nulle dans les gaz.

L'Affinité est la force qui réunit les molécules des corps simples pour faire les corps composés. Toutes les fois que 2 corps ont une tendance à s'unir entre eux, il y a affinité entre ces 2 corps.

Toutes les causes qui tendent à détruire la cohésion, telles que l'influence de la chaleur, la dissolution dans un liquide, facilitent au contraire l'action de l'affinité. Toutefois la chaleur peut détruire un grand nombre de composés, & séparer tels corps qu'à un degré moins élevé elle avait d'abord réunis.

Combinaison, mélange. – La combinaison est l'acte par lequel 2 corps différents s'unissent, se soudent l'un à l'autre, pour former un un corps composé. Une combinaison est caractérisée par un dégagement de chaleur & d'électricité & quelquefois même par un dégagement de lumière. Dans ce dernier cas, la combinaison prend le nom de Combustion vive.

Un mélange n'établit pas une telle intimité entre les molécules des corps composants, qu'on ne puisse les séparer par un moyen mécanique. Prenons par exemple la poudre, c'est un mélange de salpêtre, de soufre & de charbon. Si on plonge ce mélange dans l'eau, le salpêtre y est dissous, le soufre & le charbon restent en suspension. Si maintenant on met le soufre en contact avec du sulfure de carbone, il ne reste plus que du charbon.

Les causes les plus importantes qui agissent sur l'affinité sont : l'état des corps, la chaleur, la lumière, le choc & la pression, l'état naissant, l'action de présence, la masse et l'électricité.

1° État des corps. Pour que 2 corps se combinent il faut que la cohésion soit détruite, en effet 2 solides ne peuvent pas se combiner. Il n'en sera pas de même de 2 corps à l'état liquide ou à l'état gazeux.

2° Chaleur ; elle joue un rôle important & complexe. Il y a généralement 2 températures, pour chaque composé, auxquelles la chaleur agit de deux façons tout à fait différentes. En effet, si on chauffe à 300° un mélange d'Oxygène & d'Hydrogène il y a combinaison, tandis qu'à la température de fusion du Platine vers 2000°, il y a décomposition partielle de l'eau ou dissociation. Le Hg chauffé à 35° du mercure, il s'oxyde & il se forme de l'Oxyde de mercure, tandis qu'à 400° ces 2 corps se séparent. On peut donc admettre que l'affinité de l'Hydrogène pour l'Oxygène n'existe pas au dessous de 300° ni au dessus d'une température supérieure à 2000° ; & que l'affinité de l'Oxygène pour le mercure nulle au dessous de 35°, redevient nulle après 400°.

3° L'Électricité joue un rôle important sous forme d'étincelle & de courant. L'étincelle provoque la combinaison de 2 corps simples, ou décompose un corps composé. Le courant électrique décompose ordinairement les composés qui peuvent le conduire. Dans cette décomposition, l'un des corps simples va au pôle négatif, c'est le corps électro-positif ; l'autre va au pôle positif, c'est le corps électro-négatif.

4° La Lumière peut aussi décomposer un corps ou faciliter la combinaison de plusieurs corps simples. Le chlore & l'Hydrogène exposés à la lumière solaire détonent & forment l'acide chlorhydrique...

Au contraire le chlorure d'Argent exposé aux rayons solaires perd la moitié du chlore qu'il contient de blanc devient brun.

5° Choc et pression. Le choc en rapprochant les molécules des corps peut faciliter leur combinaison. La pression agit aussi sur les combinaisons.

6° Etat naissant :- on dit qu'un corps est à l'état naissant lorsqu'il devient libre à ce moment même d'une combinaison dont il faisait partie. A ce moment son affinité pour les autres corps est beaucoup plus grande.

7° Action de présence :- On entend par là l'action de certains corps qui par leur simple présence peuvent déterminer une combinaison ou une décomposition. Si dans une éprouvette remplie d'Oxygène et d'Hydrogène on met un morceau d'éponge de platine, on voit l'éponge rougir et une détonation se fait entendre, c'est la combinaison des deux corps.

8° Masse :- Si l'on fait passer, sur du fer chauffé, de la vapeur d'eau il se formera de l'oxyde de fer; si on chauffe le fer ainsi oxydé en présence de l'Hydrogène les 2 éléments de l'eau se recombineront. On remarquera pour expliquer ces deux faits contradictoires, que dans le premier cas, l'oxygène qui s'est uni au fer était en quantité considérable par rapport au fer et que dans le 2e cas, c'est l'Hydrogène qui était en excès. On est donc forcé d'admettre l'influence de la masse.

Lois des Combinaisons.-

1° Loi des poids, de Lavoisier.

« Le poids d'un corps composé est juste égal à la somme des poids de ses composés »

Dans un tube en U soutenu par une balance hydrostatique on met de la Baryte et de l'acide sulfurique séparément dans les deux tubes. Après avoir taré l'appareil, on le retourne, la combinaison se fait et le poids du tube n'a pas changé.

2° Loi des proportions définies de Proust.

« Un même corps composé résulte toujours des mêmes corps simples, combinés dans les mêmes proportions ».

Supposons qu'on prenne 9 gr. d'eau, on trouve par l'analyse qu'il y entre 1 gr. d'Hydrogène et 8 grs d'Oxygène. Cela signifie que l'eau est toujours formée dans les proportions de 1 gr. d'H et de 8 d'O. 2 corps qui s'unissent, le font donc dans des proportions déterminées.

Loi des Proportions multiples. – de Dalton

« Lorsque 2 corps, en se combinant, peuvent donner plusieurs composés, dans ces différents corps composés, le poids de l'un de ces corps restant fixe, les poids des autres sont entre eux comme des rapports très simples »

« Il y a toujours un rapport très simple entre les différentes quantités de l'un des corps qui se combinent avec le même poids de l'autre »

Exemple : L'Azote & l'Oxygène forment 5 composés différents Protoxyde d'Azote, Bioxyde d'Azote, Acide Azoteux, Acide hypoazotique & Acide Azotique

22 grammes	du premier	contiennent	14 gr. d'Azote	&	8 gr. d'Oxyg.
30 "	second	"	14 gr. "		16 gr. "
38 "	du 3e	"	14 gr. "		22 gr. "
46 "	4e	"	14 gr. "		30 gr. "
54 gr.	5e	"	14 gr.		38 " "

Donc les poids des corps & les différents poids d'Oxygène, par rapport à l'Azote restant fixe, sont entre eux comme les nombres 1. 2. 3. 4. 5. C'est la vérification de la loi.

Loi des Volumes de Gay-Lussac. –

Elle se rapporte aux combinaisons des gaz entre eux & comprend 4 parties.

« 1° Lorsque 2 gaz, à la même température & à la même pression entrent en combinaison, il existe un rapport simple entre les volumes des gaz qui se combinent. »

1 vol. d'Oxygène & 2 vol. d'Hydrogène en se combinant forment de l'eau.

2° « Si le composé qui prend naissance est gazeux, son volume est en rapport simple avec chacun des volumes des composants »

Il résulte de la combinaison de 1 vol. d'Oxygène & de 2 vol. d'Hydrogène, 2 vol. de vapeur d'eau. Nombre en rapport simple avec les volumes des 2 composants

3° « Si les composants se combinent à volumes égaux, le composé aura pour volume, la somme des volumes des composants »

2 vol. de Chlore & d'Hydrogène donnent 4 vol. d'acide Chlorhydrique. (Vérification des 3 parties précédentes de la loi)

4° « Quand la combinaison se fait à vol. inégaux, le vol. du composé est toujours moindre que la somme des volumes des composants. »

Nomenclature.-

La nomenclature a pour objet de désigner les corps composés par des noms méthodiques, indiquant leur composition et quelquefois même leur propriété.

Les corps simples se divisent en deux catégories : Métaux et Métalloïdes.

Les Métaux sont des corps simples, doués de l'éclat métallique, bons conducteurs de la chaleur et de l'électricité. Parmi les combinaisons qu'ils forment avec l'Oxygène, il en est au moins une qui est le rôle de bases.

Les Métalloïdes sont des corps simples, mauvais conducteurs de la chaleur et de l'électricité, dépourvus de l'éclat métallique propre aux métaux, et qui ne forment jamais de bases avec l'Oxygène. Leurs composés oxygénés, au contraire, sont presque tous acides.

Corps composés.-

On les divise en 5 groupes :
1° Acides, 2° Oxydes, 3° Sels, 4° Corps binaires neutres, 5° Alliages.

1° Acides.- On nomme ainsi des composés qui ont la propriété de se combiner avec certains corps binaires nommés bases pour faire des sels. Lorsque les acides sont solubles dans l'eau, ils se reconnaissent à une saveur aigrelette rappelant celle du vinaigre et à leur propriété de rougir le bleu de tournesol.

Certains acides sont formés d'oxygène combiné avec d'autres corps, ce sont les oxacides. D'autres sont formés d'Hydrogène, ce sont les hydracides.

2° Oxydes.- Ce sont les composés non acides que l'oxygène forme avec les autres corps. La plupart sont des composés de métaux et d'oxygène. Ceux qui ont la propriété de se combiner avec les acides pour faire les sels, sont nommés bases. Les bases ramènent au bleu le tournesol rougi par un acide.

3° Sels. Les composés qui résultent de la combinaison d'un acide et d'une base.

4° Corps binaires neutres.- Cette catégorie comprend les composés non oxygénés, formés par les autres corps simples. Le plus souvent on dit qu'un corps est neutre quand il est sans action sur le tournesol & sur le sirop de violette. Il est acide quand il rougit le tournesol & c'est une base s'il verdit le sirop de violettes

5° Alliages : ce sont les composés binaires que les métaux forment entr'eux. Le bronze est un alliage de cuivre & d'étain.

L'alliage prend le nom d'amalgame quand le mercure en fait partie

Nomenclature des Acides.

1° Oxacides. – Quand l'Oxygène ne forme qu'un acide avec un corps, on l'énonce d'abord acide, puis on dit le nom du corps combiné avec l'oxygène que l'on fait suivre de la finale ique
Le Silicium et l'Oxygène forment l'acide silicique.

Lorsque l'oxygène forme avec un corps 2 acides, le plus oxygéné prend la terminaison ique & le moins oxygéné la terminaison eux. L'arsenic & l'oxygène forment les acides:
Arsénieux & Arsénique.

Quand l'oxygène & le corps forment 3 acides, le plus oxygéné se termine en ique, le moins oxygéné en eux & l'intermédiaire prend la préfixe hypo & la finale ique.
Acides Azotique, hypoazotique & azoteux

Quand il se forme 4 acides, les 3 plus oxygénés s'énoncent comme dans le cas précédent & le 4e prend la préfixe hypo & la finale eux
Acides, chlorique, hypochlorique, chloreux & hypochloreux.

S'il se forme 5 composés, les 4 derniers comme dans le cas précédent & le plus oxygéné prend la préfixe hyper ou per & la terminaison ique.
Acides, perchlorique, chlorique, hypochlorique, chloreux & hypochloreux.

2° Hydracides.

L'Hydrogène ne forme avec un corps qu'un seul hydracide on l'énonce en disant acide, puis en faisant suivre du nom du corps terminé par la finale hydrique
Acide chlorhydrique, acide Bromhydrique.

Nomenclature des Oxydes.

1° Quand l'Oxygène ne forme avec un corps qu'un seul oxyde, on l'énonce oxyde & ajoutant le nom du corps simple, précédé de la particule de . Oxygène + Zinc donnent. Oxyde de Zinc

2° Quand il peut se former plusieurs oxydes, la loi des proportions multiples leur est applicable ; on place devant le mot oxyde pour les nommer les préfixes : proto, sesqui, bi, tri, quadri, penta. &c. d'un dos.

protoxyde, sesquioxyde, bioxyde, trioxyde etc —

Ces mots indiquent des composés dans lesquels l'oxygène croît comme 1. 1/2. 2. 3. 4. 5.

Souvent l'oxyde du métal dans lequel il y entre le plus d'oxygène se nomme peroxyde de ce métal

Ainsi, le bioxyde de Manganèse, est l'oxyde le plus oxygéné de ce métal, on l'appelle souvent peroxyde de Manganèse

Certaines bases ont gardé un nom que l'usage leur a donné et qui n'est pas le nom théorique de la nomenclature.

Ainsi, l'oxyde de Potassium, s'appelle Potasse

l'oxy. de Sodium Soude etc —

Nomenclature des Sels. –

Si l'acide qui entre dans le sel a la finale ique, le sel prend la terminaison ate. Si la finale de l'acide est : eux celle du composé sera ite. Les préfixes hypo, proto, per, etc. se conservent du reste. Ainsi l'acide Azotique donne des sels appelés Azotates. L'acide perchlorique donne des sels appelés perchlorates. L'acide Azoteux donne des azotites. L'acide hyposulfureux des hyposulfites. Pour achever la dénomination, on ajoute au nom en ate ou en ite le nom de la base.

L'acide sulfurique et la Potasse donnent le Sulfate de Potasse.

On nomme sels neutres, en général, ceux qui se forment le plus communément. C'est à eux que s'applique la règle précédente de nomenclature.

On nomme sels acides, ou sursels, les sels qui contiennent plus d'acide que les sels neutres correspondants.

On nomme sels basiques, ceux qui contiennent plus de base que les sels neutres correspondants

Les sels acides s'énoncent en plaçant devant le nom de l'acide en ate ou en ite l'un des préfixes, proto, sesqui, bi, qui signifient que les proportions de l'acide sont 1 1/2. 2. —

Ainsi la soude et l'acide carbonique donnent 3 carbonates.
1° Protocarbonate de soude, 2° Sesquicarbonate de soude, 3° Bicarbonate de soude.

2° Sels Basiques. – Après avoir nommé le genre du sel on place devant la base les expressions sesquibasique, bibasique, tribasique.

Ainsi l'acide acétique et le bioxyde de plomb forment deux acétates, le premier est l'acétate neutre, le 2e qui contient 3 fois plus de base sera désigné par Acétate tribasique de plomb.

Nomenclature des corps binaires neutres. –
1° Un metalloïde ne formant qu'un composé avec un autre corps on désigne ce corps d'abord par le nom du metalloïde en le terminant par ure et achevant la dénomination par le nom du 2e corps.
Ainsi le chlore et le zinc ne forment qu'un composé: le chlorure de zinc.
2° S'il se forme plusieurs composés on ajoute toujours ure et on fait précéder des préfixes: proto, bi, tri, quadri, penta, qui indiquent quels proportions sont dans les rapports 1, 2, 3, 4, 5.
Le soufre et le potassium donnent
Protosulfure, bisulfure, trisulfure, quadrisulfure, pentasulfure de potassium.
3° Si ce sont deux metalloïdes qui donnent un composé neutre, celui des deux qui est électro-négatif par rapport à l'autre prend la finale ure et donne le premier.
Voici le Tableau des corps placés dans l'ordre électro-négatif.

1° Fluor	13° Chrome	25° Or	37° Etain	49° Zirconium
2° Chlore	14° Vanadium	26° Osmium	38° Cadmium	50° Aluminium
3° Brome	15° Molybdène	27° Platine	39° Zinc	51° Glucinium
4° Iode	16° Tungstène	28° Iridium	40° Cobalt	52° Yttrium
5° Oxygène	17° Pelopium	29° Ruthenium	41° Nickel	53° Magnesium
6° Soufre	18° Niobium	30° Rhodium	42° Fer	54° Calcium
7° Sélénium	19° Tantale	31° Palladium	43° Manganèse	55° Strontium
8° Azote	20° Titane	32° Argent	44° Uranium	56° Baryum
9° Phosphore	21° Bore	33° Mercure	45° Didyme	57° Lithium
10° Arsenic	22° Carbone	34° Cuivre	46° Lanthane	58° Sodium
11° Antimoine	23° Silicium	35° Bismuth	47° Cérium	59° Potassium
12° Tellure	24° Hydrogène	36° Plomb	48° Thorium	

Nomenclature des Alliages

On énonce d'abord alliage en faisant suivre du nom des 2 métaux. Le Plomb et le Zinc donnent

Alliage de Plomb et de Zinc.

Si le mercure fait partie de l'alliage. Il prend alors le nom d'amalgame. Or et mercure

amalgame d'Or.

Il est inutile de nommer le mercure, le mot amalgame suffit pour constater sa présence.

Equivalents. —

On appelle équivalent d'un corps, le poids de ce corps qui en se combinant avec 8 gr. d'Oxygène donne le protoxyde. Si l'on cherche les poids de différents corps capables de se combiner avec l'oxygène pour former le protoxyde, on trouve :

Hydrogène	1	Soufre	16	Cuivre	31.75
Azote	14	Sodium	23	Zinc	33
Carbone	6	Potassium	39	Argent	108
Chlore	35.5	Calcium	20	Mercure	100
Phosphore	31	Fer	28	etc. – etc.	

Ces différents nombres sont les équivalents des corps correspondants.

L'équivalent de l'Hydrogène est le plus faible et la plupart des autres équivalents sont des multiples de celui de l'Hydrogène. Il n'y a que le chlore et le Cuivre qui font exception.

On remarque que 1 d'Hydrogène et 6 de Carbone 1 équivalent devant le même poids d'Oxygène.

En faisant agir un métal, le potassium, par exemple, sur l'eau formée d'Oxygène et d'Hydrogène dans la proportion de 8 du premier pour 1 du second, on constate qu'il faut employer 39 de Potassium et qu'on obtient 47 de Potasse. 33 de Zinc ou 20 de Calcium aurait de même déplacé 8 d'oxygène, pour former 41 d'Oxyde de Zinc et 28 de chaux.

Ces différents poids susceptibles de se remplacer dans la combinaison avec 8 gr. d'Oxygène sont les équivalents.

Dans un sel d'Argent, l'Azotate par exemple, on vient plonger un morceau de cuivre, celui-ci se couvre de paillettes. c'est l'argent déplacé par le nouveau métal. On peut recueillir l'argent qui s'est déposé & le peser pour 108 de ce métal, 31.75 de cuivre auront pris sa place. Si maintenant dans cet azotate de cuivre on plonge une lame de Zinc, du cuivre se dépose sur la lame & le Zinc prend sa place. Or, si l'on pèse le cuivre qui s'est déposé & qu'on trouve 31.75, l'expérience apprend que 33 de Zinc ont disparu. Un équivalent de Cuivre peut donc être remplacé par un équivalent de Zinc. Les équivalents indiquent donc les poids des corps simples, qui peuvent se remplacer mutuellement dans les combinaisons analogues.

Équivalents en volumes. – La loi de Gay-Lussac, relative aux gaz nous amène à considérer les équivalents en volumes. Ce sont les nombres qui représentent les volumes des gaz qui peuvent se déplacer ou se remplacer. Ainsi l'Hydrogène & l'Oxygène, se combinant en volumes, dans le rapport de 2 à 1, l'équivalent de l'Hydrogène sera 2, celui de l'Oxygène sera 1.

On verrait de même que les équivalents pour les principaux corps sont

Oxygène 1, Azote 2, Soufre, 1
Hydrogène 2, Chlore 2, Phosphore, 1 etc. etc.

Il en résulte que, l'équivalent en poids de l'Azote, par exemple, étant 14, ce corps doit avoir une densité 14 fois plus grande que celle de l'Hydrogène, à volumes égaux. Donc la densité d'un corps dont l'équivalent en volume est 2 s'obtient en multipliant la densité de l'Hydrogène par l'équivalent de ce corps.

S'il s'agissait d'un corps dont l'équivalent en volume soit 1, sa densité serait égale à celle de l'Hydrogène multipliée par le double de son équivalent en poids. –

Notation des formules chimiques

Pour abréger le langage on est convenu de représenter les différents corps simples par des symboles ou signes particuliers.

Ainsi l'Oxygène est représenté par O, l'Hydrogène par H, le Carbone par C ; Soufre, S ; Potassium, K ; Azote Az ; Zinc, Zn ; Phosphore Ph ; Arsenic, As ; Chlore, Cl ; Fer, Fe ; etc. etc.

Ces symboles représentent en même temps un poids déterminé, l'équivalent du corps.

Ainsi O signifie 8, H = 1 C = 12.

Si un symbole se trouve répété plusieurs fois, on l'indique par un coefficient ou un exposant et cela signifie un poids égal à l'équivalent du corps multiplié par le coefficient.

Pour les corps binaires, on écrit d'abord le nom du corps électro-positif et à sa droite celui du corps électro-négatif.

L'eau est formée de 1 éq. d'H, et de 1 éq. d'O. elle sera donc représentée par HO.

Protoxyde de fer = 1 éq d'Fe + 1 éq d'O. ce sera FeO.

Chlorure de zinc = ZnCl

Quand le composé binaire contient plusieurs équivalents de des corps simples, on l'indique par un chiffre placé en exposant à la droite de leur symbole.

Acide Carbonique = 1 éq. de C + 2 éq de O
$= CO^2$

Acide Sulfurique = 1 éq. de S. et 3 éq d'O
$= SO^3$

Le Sesquioxyde devrait s'écrire en affectant le symbole de la puissance $1\frac{1}{2}$. Ainsi le sesquioxyde de manganèse devrait s'écrire $MnO^{1+\frac{1}{2}}$ ou bien $MnO^{\frac{3}{2}}$, mais en chassant le dénominateur on peut l'écrire = Mn^2O^3.

Notation des Sels. – On écrit la formule de la base puis celle de l'acide en les séparant par une virgule.

Sulfate de Potasse = acide sulfurique, SO^3 + protoxyde de Potassium, KO.
KO, SO^3

Si le sel est acide, on l'indique en affectant l'acide d'un exposant

Bicarbonate de soude, $NaO, (CO^2)^2$ ou bien $NaO, 2CO^2$

Par la même raison que précédemment le sesquicarbonate s'écrira $2NaO, 3CO^2$.

Ces notations permettent de représenter d'une manière très simple, les réactions chimiques ainsi

$$\underline{Ph} + O^5 = \underline{PhO^5}$$
$$31 + 40 = 71$$

En faisant réagir 31 g de Ph sur 40 g d'O. on obtient 71 gr. ou un équivalent d'acide phosphorique.

L'équivalent d'un corps composé est la somme des équivalents de ces corps simples.

Cristallisation.

Généralement quand un corps liquide ou gazeux, passe à l'état solide, il prend des formes régulières, géométriques, terminées par des faces planes parallèles deux à deux. Ce sont des cristaux. On en trouve de grandes quantités dans la nature. Les corps qui ne cristallisent pas sont les corps amorphes.

Il y a plusieurs manières de faire cristalliser artificiellement un corps :

1° par Fusion
2° par Dissolution { par refroidissement / par évaporation
3° par Sublimation.

Par la première méthode, on fond le corps dans un creuset, on le laisse refroidir ainsi, il cristallise en laissant déposer sur les parois du creuset des cristaux d'autant plus volumineux que le refroidissement s'est opéré plus lentement.

Si l'on peut faire dissoudre un corps, dans un liquide à une température élevée, le coefficient de solubilité des corps diminuant avec la température du dissolvant, on comprend que cette dissolution refroidie, laissera en liberté une partie du corps dissous qui cristallisera.

De même si on favorise l'évaporation du liquide, il s'effectuera une cristallisation.

On dit qu'un corps se sublime lorsqu'il passe de l'état solide à l'état gazeux. C'est un corps volatil. Si l'on chauffe de l'Iode, par exemple, dans un ballon de verre ce corps se volatilisant, ses vapeurs se déposeront dans le col de la cornue et en se refroidissant prendront l'état solide, et cristalliseront.

Quel que soit le mode de cristallisation employé, les cristaux sont toujours des solides terminés par des faces planes, comprenant des angles dièdres ou polyèdres saillants.

On nomme Centre, un point intérieur du cristal, tel que toute droite menée par ce point et se terminant aux faces du cristal soit divisée en deux parties égales. Un axe est une droite autour de laquelle tout est symétrique.

On appelle dièdre l'angle formé par 2 faces adjacentes. L'intersection de ces 2 faces est une arête. Un angle polyèdre est formé par plusieurs faces qui se coupent.

On nomme Système cristallin, l'ensemble des formes cristallines caractérisés par un même système d'axes et que l'on peut faire toutes dériver d'un même solide fondamental.

Il peut survenir des modifications dans un cristal soit sur les arêtes, soit sur les angles. Ces modifications sont soumises à la loi de Haüy.

« Toutes les fois qu'un élément géométrique de la forme type se modifie d'une certaine manière, tous les autres éléments géométriques identiques se modifient identiquement.

On peut ramener toutes les formes cristallines à six systèmes.

1° Le système Cubique. (Type : le Cube).
Caractérisé par un système de 3 axes rectangulaires égaux. Le sel marin, les aluns, le Grenat etc. cristallisent dans ce système.

2° Système du Prisme droit à base carrée.
3 axes rectangulaires, 2 seulement sont égaux.
Gemmes, Zircon, Oxyde d'Étain, Rutile.

3° Système du Dodécaèdre régulier ou Rhomboédrique.
4 axes : 3 dans un même plan et égaux entre eux, le 4e perpendiculaire au plan des 3 autres.
Carbonate de chaux

4° Prisme droit à base rectangulaire.
3 axes rectangulaires inégaux. Soufre natif.

5° Prisme droit à base parallélogramme.
3 axes inégaux : 2 dans un même plan et obliques, et le 3e perpendiculaire au plan des 2 autres. Soufre cristallisé à 111°.

6° Prisme oblique à base parallélogramme
3 axes quelconques. Sulfate de Cuivre.

Dimorphisme. Quand un même corps peut cristalliser de 2 façons différentes sa cristallisation se fait généralement dans deux systèmes différents on dit alors qu'il est dimorphe.
Carbonate de chaux, soufre. — sont dimorphes

Isomorphisme. On appelle isomorphes les corps qui, cristallisant dans le même système peuvent encore exister en proportions variables dans un même cristal. Quand on fait cristalliser un mélange d'alun de chrome et d'alun de potasse, il se forme des cristaux qui contiennent les deux corps : ces 2 aluns sont isomorphes.

Pour que deux corps jouissent de cette propriété il faut qu'ils aient la même composition chimique.

Classification. —

On a partagé les métalloïdes en groupes afin de favoriser ou de rendre plus facile l'étude de leurs propriétés.

L'Hydrogène doit être tout d'abord mis à l'écart par l'ensemble de ses propriétés. Il se rapproche des métaux, ainsi qu'on peut le prouver par beaucoup de faits.

Il conduit la chaleur. On le prouve en introduisant dans un flacon plein de ce gaz, une spirale de cuivre chauffée au rouge. Cette spirale cesse d'être lumineuse aussitôt qu'elle est en contact avec l'Hydrogène. On attribue ce fait à la conductibilité de l'Hydrogène.

Les métaux s'unissent avec l'oxygène pour former des oxydes, or, l'Hydrogène forme l'eau avec l'oxygène, et ce corps doit être considéré comme un oxyde jouant tantôt le rôle de base, tantôt celui d'acide. Dans SO^3, HO, HO joue le rôle de base, ce corps est analogue à KO, SO^3. De même l'eau s'unit avec la potasse et joue le rôle d'acide. KO, HO, est analogue à KO, SO^3. L'eau a donc toutes les allures de certains oxydes métalliques.

L'Hydrogène est souvent déplacé par d'autres métaux, équivalent pour équivalent.

$$K + HO = KO + H.$$

De même l'Hydrogène peut déplacer certains métaux.

$$CuO, SO^3 + H = HO, SO^3 + Cu \quad \text{(Pile de Daniell)}$$

Enfin l'Hydrogène se combine directement au Palladium.

Les autres métalloïdes peuvent se classer en quatre familles :

1° Fluor, Chlore, Brome, Iode. —

Ces corps sont caractérisés par une grande affinité pour l'Hydrogène, affinité qui décroît du Fluor à l'Iode. Ils ont en revanche peu d'affinité pour l'oxygène, celle-ci croissant du Fluor à l'Iode.

2 volumes de chacun de ces corps à l'état de vapeur se combinent à un 2 vol. d'H et donnent 2 vol. d'un gaz acide, fumant à l'air, et très soluble dans l'eau : Fluorhydrique, Chlorhydrique, Bromhydrique, Iodhydrique.

Le Fluor n'est pas connu à l'état libre, car il attaque toutes les matières employées comme creusets. C'est un corps analogue au chlore et qui serait gazeux,

Les composés que donnent ces corps sont analogues et isomorphes.

Fluor,	équiv. en vol. 2.	en poids 19.	densité "		de la vapeur "		point d'ébullition	"
Chlore	" 2	" 35.5	" liq. 1.33	"	2.44.	"		−50°
Brome	" 2	" 80	" liq. 3. "	"	5.4	"		63°
Iode	" 2	" 127.	" liq. 5 "	"	8.7	"		175°

Le Fluor, est un corps supposé gazeux ; le Chlore est un gaz jaune verdâtre ; Brome, liquide rouge ; Iode, solide gris.

2° Oxygène, Soufre, Sélénium, Tellure.

Le caractère fondamental est que 1 vol. de chaque corps en se combinant avec 2 vol. d'Hydrogène donne 2 vol. d'un gaz qui est neutre ou un acide faible. Les composés oxygénés des 3 derniers corps ont entre eux une grande analogie. Les composés de ces corps avec les métaux sont isomorphes et s'accompagnent dans la nature.

Oxygène	éq. en vol. 1.	en poids 8.	fusion "		densité "		à l'état de vapeur	1.1056
Soufre	" 1	" 16	" 111°	"	2.03	"		2.22
Sélénium	" 1	" 39	" 217°	"	4.80	"		5.6
Tellure	" 1	" 64	" 350°	"	6.26	"		8.93

Oxygène, Gaz incolore ; Soufre, solide, jaune ; Sélénium, solide rouge brun ; Tellure, solide gris métallique.

3° Azote, Phosphore, Arsenic.

Le caractère qui rattache ces corps est l'analogie des composés hydrogénés : 4 vol. AzH^3 = 2 vol. Az + 6 vol. H ; 4 vol. de PhH^3 = 1 vol. de Ph + 6 vol. d'H ; 4 vol. de AsH^3 = 1 vol. As + 6 vol. H.

L'Azote, à part cette propriété, n'a pas beaucoup d'analogie avec le Ph et l'As. Il a peu d'affinité pour les autres corps, tandis que les 2 autres corps se combinent très facilement avec les métalloïdes. Du reste, le Ph et As sont tous deux solides, avec l'Oxygène forment PhO^3, PhO^5 et AsO^3, AsO^5, de même affinité pour les métaux. Leurs composés sont isomorphes, l'acide AsO^5 comme PhO^5 est monobasique, bibasique ou tribasique.

4° Carbone, Bore, Silicium.

Ils ont peu d'affinité pour l'H. Affinité beaucoup plus marquée pour l'Oxygène. Ils jouent tous bien le rôle de réducteurs. Leurs propriétés physiques ont beaucoup d'analogie.

Tous trois solides, peuvent exister à l'état amorphe, graphitoïde ou adamantin.

Ces 3 corps insolubles dans l'eau se dissolvent dans un métal en fusion. Le Carbone se dissout dans la fonte de fer, le Bore dans l'aluminium, le Silicium dans le zinc fondu.

Ils sont peu fusibles et résistent à toutes les températures.

Lois de Berthollet.–

1° Action des acides sur les sels.–

Si l'acide ajouté est le même que celui du sel

1° Il peut n'y avoir aucune action

SO^3,HO et $BaO.SO^3$

2° Le sel peut se dissoudre dans l'acide.

AzO^5,HO et KO,AzO^5 ; le sel est dissous

3° Le sel se combine avec une nouvelle quantité d'acide.

$KO.SO^3 + SO^3,HO = KO,2SO^3 + HO$

4° Un sel basique peut être ramené à l'état de sel neutre.

$3PbO,C^4H^3O^3 = 3(PbO,C^4H^3O^3)$

Si l'acide est différent de celui du sel.

1° Un acide décompose un sel quand celui du sel est moins fixe ou plus volatil que le nouvel acide.

$CaO,CO^2 + AzO^5,HO = CaO,AzO^5 + CO^2 + HO$.

2° Un acide en dissolution décompose un sel en dissolution lorsqu'il peut former avec la base du sel un composé insoluble ou peu soluble

$BaO,AzO^5 + SO^3,HO = BaO,SO^3 + AzO^5,HO$

3° Un acide en dissolution décompose un sel en dissolution lorsque l'acide du sel est insoluble ou peu soluble

$NaO,BoO^3 + SO^3,HO = NaO,SO^3 + BoO^3,HO$. (acide BoO^3,HO, insoluble

2° Action des Bases sur les Sels.–

La base ajoutée est la même que celle du sel.

1° Il peut se faire qu'il n'y ait aucune action.
La chaux ajoutée au sulfate de chaux ne donne qu'un simple mélange.

2° Il peut se faire que la base dissoute, dissolve le sel, ainsi la potasse dissout le sulfate de potasse

3° Il peut se faire un sel basique dans certains cas

$PbO + 2PbO,C^4H^3O^3 = 3PbO,C^4H^3O^3$.

4° Un sel acide peut être ramené à l'état de sel neutre

$KO,2SO^3 + KO = 2(KO,HO,SO^3)$

Supposons maintenant la base ajoutée différente de celle

du sel :

1° Une base décompose un sel, lorsque la base du sel est plus volatile ou moins fixe que la base ajoutée

$$AzH^3, HO, SO^3 + CaO = AzH^3 + HO, + CaO, SO^3$$

2° Une base en dissolution décompose un sel en dissolution quand elle peut former avec l'acide du sel un composé insoluble

$$KO, SO^3 + BaO, HO = BaO, SO^3 + KO, HO.$$

3° Une base en dissolution décompose un sel en dissolution lorsque la base du sel est insoluble ou peu soluble.

$$CuO, SO^3 + KO, HO = CuO + KO, HO, SO^3$$

3° Action des sels sur les sels.

Les sels ayant un même acide.

Alors ils se combinent pour former sels doubles

Sulfate d'alumine et sulfate de potasse forment l'alun..

2 chlorures peuvent s'unir

Les sels ayant un leur acide différent.

1° traitement par voie humide (Dissolution)

Les 2 sels en dissolution se décomposent mutuellement lorsque par l'échange des acides et des bases il peut se former un sel insoluble ou peu soluble

$BaO, AzO^5 + AlO, SO^3$; BaO, SO^3 étant insoluble il y a décomposition.

2° traitement par voie sèche.

Quand on chauffe ensemble 2 sels ils se décomposent mutuellement quand il peut se former un sel plus volatil ou plus fusible.

AzH^4O, SO^3 et CaO, CO^2 donne AzH^4O, CO^2 corps très fusible.

Quand on mélange 2 sels qui ne peuvent donner aucun composé insoluble, il se forme quatre sels.

traitons l'Azotate de Potasse et le sulfate de soude. On constate après l'expérience qu'il s'est formé :

KO, AzO^5 ; KO, SO^3 ; NaO, AzO^5 et NaO, SO^3.

Densité 1,1056 **Oxygène** Symbole = O Équivalents : en poids = 8 en vol. = 1

[PR]OPRIÉTÉS PHYSIQUES : [o]deur, couleur, saveur, [act]ion sur l'économie animale	SOLUBILITÉ, liquéfaction	PROPRIÉTÉS CHIMIQUES : action de la chaleur, de la lumière, de l'électricité, des métalloïdes et des métaux.	ANALYSE Synthèse composition.	PRÉPARATIONS et purification	USAGES	ÉTAT naturel
[Ga]z incolore, inodore insipide Indispensable à la vie [de]s êtres animés	Peu soluble dans l'eau, son coefficient de solub. est 0.041. 25 lit. d'eau dissolvent 1 lit. d'O. Permanent : on n'a pu jusqu'ici le liquéfier	Grande affinité pour les autres corps simples ; forme avec eux les oxydes et les acides. La combinaison peut quelquefois s'effectuer en dégageant chaleur et lumière ; c'est alors une combustion vive. C'est le corps comburant par excellence. Chauffés préalablement, le charbon, le soufre, le Phosphore, le fer, etc. donnent dans l'Oxygène : CO^2, SO^2, PhO^5, Fe^3O^4 etc. — Opère les combustions lentes ou Oxydations. Avec le fer, il se forme la rouille Fe^2O^3,HO, avec le phosphore, c'est PhO^5 etc. La respiration, elle-même, est un phénomène de combustion lente. Rallume une bougie ne présentant que quelques points en ignition.		1° Décomp. de l'eau par la pile 2° Décomp. d'un oxyde peu stable par la chaleur : $HgO = Hg + O$ 3° Décomp. de MnO^2 par la chaleur $3MnO^2 = Mn^3O^4 + 2O$. 4° Décomp. de MnO^2 par $SO^3.HO$ $MnO^2 + SO^3.HO = MnO.SO^3 + HO + O$ 5° Décomp. de $KO.ClO^5$ par la chaleur $KO.ClO^5 = KCl + O^6$. 6° Décomp. de l'acide SO^3 p. la chal. $SO^3.HO = SO^2 + HO + O$ 7° La Baryte, BaO, chauffée au rouge sombre absorbe un équiv. d'O devient BaO^2. Ce bioxyde chauffé au rouge vif perd son équiv. d'O et redevient BaO. On peut recueillir cet O et recommencer l'opération.	Utilisé pour produire les plus hautes temp. Intervient dans presque tous les phénomènes terrestres. Nécessaire dans toutes les industries où l'on emploie la chaleur.	Ne se trouve jamais à l'état libre ; mais, c'est le corps le plus répandu sur la surface de la terre ; forme le $\frac{1}{5}$ de l'air les $\frac{8}{9}$ de l'eau et fait partie de presque toutes les combinaisons des corps, à l'état de minéraux, ou de substances animales et végétales

Densité 1,658 **Ozone** Symbole = O

[Ga]z incolore, d'odeur [pé]nétrante. Irrite les voies respiratoires	N'est pas soluble dans l'eau.	Une température de 250° enlève à l'Ozone ses propriétés et le ramène à l'état d'Oxygène. Possède des propriétés oxydantes supérieures à celles de l'Oxygène : oxyde l'Azote en présence des bases et forme l'acide Azotique en présence de l'eau, il oxyde le chlore, le Brôme, l'Iode, le Phosphore, l'Arsenic etc. Déplace l'Iode de ses combinaisons alcalines $KI + O_2 = KO + I$. Change les acides SO^2, HS en SO^3,HO les sels de FeO en sels de Fe^2O^3 Décomposé par le charbon en poudre, par l'argent sec et les bioxydes de Cu. et Mn A froid oxyde tous les métaux en les faisant passer au max. d'oxydation, quand il est humide. Une dissolution de KI, contenant de l'amidon, bleuit en présence de l'Ozone.	L'Ozone est de l'O. dans un état particulier. C'est de l'Oxygène combiné à lui même. La densité de l'Ozone est représentée par le même nombre que celui qu'on trouverait pour la densité de 3 vol. d'Oxyg. combinés en 2 vol.	On peut en produire qques éprouvettes en attaquant un mélange de permanganate et de bioxyde de baryum par l'acide $SO^3.HO$ Il s'en produit dans la décomposition de l'eau par la pile ; quand on produit des étincelles électriques ; quand il se fait des oxydations lentes.		On a tout lieu de croire qu'il existe constamment dans l'air en très petite quantité.

 Densité = 0,069 **Hydrogène**

PROPRIÉTÉS PHYSIQUES: odeur, couleur, saveur, action sur l'économie animale	SOLUBILITÉ, liquéfaction	PROPRIÉTÉS CHIMIQUES: action de la chaleur, de la lumière, de l'électricité, des métalloïdes et des métaux.
Gaz incolore, inodore et insipide. Bon conducteur de la chaleur et de l'électricité. Cette propriété le rapproche des métaux auxquels il ressemble d'ailleurs par ses propriétés chimiques. Le plus léger de tous les gaz; il pèse 14 fois ½ moins que l'air	Très-peu soluble dans l'eau, Un litr d'eau en dissout 19^c. Permanent	L'Hydrogène brûle au contact de l'air, donne une flamme pâle, qui dégage une grande quantité de chaleur. L'Hydrogène, corps très combustible, et l'Oxygène, corps très comburant, donnent, quand on les mélange, une flamme de température assez élevée, pour fondre le platine. (Chalumeau, Lumière Drummond) 2 vol. d'H + 1 vol. d'O. ou 2 vol. d'H et 5 vol. d'air forment un mélange qui détone violemment à l'approche d'une flamme et il se forme de l'eau. La mousse de Plat. peut jouer le même rôle que la flamme, par sa seule présence. (Briquet à Hydrog.) L'H. ayant beaucoup d'affinité pour l'O, le déplace de certaines combinaisons et rend libres les corps oxydés. Il joue le rôle de corps réducteur.
	Densité = 1	**Eau**
Liquide incolore, sans saveur; sous une grande épaisseur prend une coloration bleu pâle. Peut se présenter sous les 3 états: liquide, solide et gazeux. Son point de solidification est 0°. Son point d'ébullition est 100°. Présente une anomalie; se contracte à 4° qui est son max. de densité et son minimum de volume.	Les eaux qui contiennent le bicarbonate de chaux sont les eaux calcaires. Celles qui ont dissous le sulfate de chaux sont les eaux séléniteuses. Les eaux minérales ont dissous un corps qui leur donne une propriété particulière: eaux gazeuses, ferrugineuses, sulfureuses etc. —	Décomposable par la chaleur et l'électricité (Exp. de Carlisle et Nicholson) Plusieurs métalloïdes décomposent l'eau les uns s'emparent de l'O, les autres de l'H. Le Carbone: $HO + C = H + CO$. Le Chlore: $HO + Cl = O + HCl$. Tous les métaux à divers températures, excepté ceux de la 6e section, décomposent l'eau et dégagent l'H. Vis-à-vis des bases puissantes, l'eau se conduit comme un acide. $CaO + HO = CaO.HO$ En présence des acides énergiques, l'eau se conduit comme une base $SO^3 + HO = SO^3.HO$ Remarquable par son pouvoir dissolvant qui s'exerce sur les liq. les solides et les gaz.

Symbole = H Éq. en poid = 1 en vol. = 2

ANALYSE Synthèse composition.	PRÉPARATIONS et purification	USAGES	ETAT naturel
	1° Les métaux des cinq premières sections décomposent l'eau et donnent de l'Hydrogène. Les températures nécessaires vont en croissant de la première à la 5e section 2° En décomposant l'eau par la pile 3° En attaquant Zn ou Fe par HCl $Zn + HCl = ZnCl + H$. L'H ainsi préparé n'est jamais pur, parce que Zn du commerce ne l'est pas. Il contient du Pb. de l'As. et du soufre. $PbO.AzO^5$ enlève l'HS; $AgO.SO^3$ enlève l'Arséniure d'Hydrogène. Des tubes à potasse caustique dessèchent le gaz. On a ainsi de l'Hydrogène pur et sec.	On utilise la chaleur de combustion dégagée par l'H, dans le chalumeau à gaz, employé dans la fusion du platine pour la soudure autogène et la lumière Drummond. A servi à cause de sa petite densité dans le gonflement des ballons.	Existe dans la composition de l'eau.
	Éq. en poids = 9		
Lavoisier et Meusnier ont les premiers déterminé la composition de l'eau. On répète cette expérience au moyen de l'eudiomètre ou à l'aide de l'appareil de M. Dumas. On obtient comme composition: H = 11.11 O = 88.89 100. "	Par son pouvoir dissolvant, l'eau tient en suspension beaucoup de corps. 1° Des gaz, en faisant bouillir de l'eau on peut les recueillir dans une éprouvette 2° Des solides. On reconnait la chaux à l'aide de l'Oxalate d'AzH^3 précipité d'Oxalate de chaux; les carbonates colorent en violet la solution alcoolique de bois de campêche. Les sulfates se reconnaissent à l'aide de l'Azotate de Bar. précipité blanc. Les Chlorures par $AgO.AzO^5$. précipité blanc On peut avoir de l'eau pure en la distillant dans un alambic	Utilisée en très grande quantité dans l'industrie et les laboratoires sous les 3 états Dans la nature son évaporation forme les nuages; comme eau courante elle entraîne à la mer, les matières qu'elle tient en dissolution	Existe en immense quantité et sous les 3 états à la surface de la terre. En forme les ¾.

Densité = 0,972 — Azote — Symbole = Az — Eq. en vol. = 2 — en poids = 14

PROPRIÉTÉS PHYSIQUES ; odeur, couleur, saveur, action sur l'économie animale	SOLUBILITÉ, liquéfaction	PROPRIÉTÉS CHIMIQUES ; action de la chaleur, de la lumière, de l'électricité, des métalloïdes et des métaux.	ANALYSE Synthèse composition.	PRÉPARATIONS et purification	USAGES	ETAT naturel
Gaz incolore, inodore, insipide. On ne peut pas le respirer, mais il n'est pas vénéneux	Très peu soluble dans l'eau. 1 litre en dissout 0.021 c.c. Permanent	Il éteint les corps en combustion ; sans action sur le tournesol et sur l'eau de chaux : corps neutre. Peu d'affinité pour les autres corps, tous les composés de l'Azote sont peu stables. Il se combine seulement à l'état naissant. Il faut excepter pourtant 3 corps qui donnent avec de l'Azote des composés stables : le silicium, le Bore et le titane ; sur du Bore chauffé l'Azote produit une incandescence vive et il se forme de l'Azoture de Bore. En présence d'une base les étincelles électriques déterminent la formation d'acide Azotique (Expérience de Cavendish).		1° Par la combustion du Phosphore sous une cloche, renversée sur l'eau. 2° En faisant passer de l'air sur du Cuivre chauffé au rouge. Il se forme de l'oxyde de cuivre et l'Az se dégage. 3° En décomposant l'Azotite d'Ammoniaque par la chaleur. $AzH^4O.AzO^3 = 2Az + 4HO$. 4° En faisant passer du Cl sur de l'Ammoniaque $4AzH^3 + 3Cl = 3(AzH^3, HCl) + Az$.	L'Azote libre est à peu près sans usage. Assez abondant dans l'air, dans l'Ammoniaque, dans l'acide AzO^5 et dans les matières organiques.	Fait partie des corps des animaux ; ces derniers tirent leur azote des plantes qui s'enrichissent d'Azote par l'air, et qui servent d'intermédiaire entre les corps bruts et les animaux.
Densité prise pour unité { par rapport à l'eau $\frac{1}{773}$ }		**Air Atmosphérique**				
Gaz incolore, inodore, insipide. Sous une grande épaisseur prend une teinte bleue. 1 litre d'air sous la pression H et à la température T pèse $1.293 \times \frac{1}{1+0.00367t} \times \frac{H}{760}$	L'air se dissout dans l'eau et sa composition dans l'eau est proportionnelle aux coefficients de solub. de l'O et de l'Az. L'air n'est donc pas une combinaison, ce n'est qu'un mélange.	Les propriétés chimiques de l'air sont les mêmes que celles de ses composés. L'Azote tempère par sa neutralité les effets de l'Oxygène. L'air est un mélange d'O, d'Az, de CO^2 et de vapeur d'eau. On peut reconnaître ces quatre gaz continuellement dans l'air, qui peut contenir en outre de l'Ozone, et des composés oxygénés de l'Azote formés par l'Ozone. L'Ammoniaque formée par la décomposition de matières organiques y existe presque constamment. On a constaté aussi la présence dans l'air d'un protocarbure d'Hydrogène. Si l'air était une combinaison, il y aurait contraction et élévation de température, ce qui n'est pas. D'après la loi de Gay-Lussac il y aurait un rapport simple entre l'O et l'Az, ce qui n'est pas.	Différentes méthodes d'analyse. 1° Celle de Lavoisier. 2° Par le Ph, à froid et à chaud. 3° Méthode de Dumas et Boussingault. 4° La plus prompte est la suivante : l'acide pyrogallique en présence de la potasse absorbe l'Oxygène. 100 c.cubes d'air dans une éprouvette graduée, la dissolution enlève l'Oxygène et il reste 79 cc d'Azote. Toutes ces analyses donnent en poids { 23 O, 77 Az } en vol { 20.8 O, 79.2 Az } 10000 parties d'air contiennent 3 à 4 parties de CO^2 et de 10 à 90 p. de vapeur d'eau		Indispensable à la vie des animaux. Intervient dans la germination des plantes et dans la fermentation etc.	Enveloppe la terre sur une épaisseur d'au moins 60 kilomètres.

Densité = 1,529 — Protoxyde d'Azote

PROPRIÉTÉS PHYSIQUES : odeur, couleur, saveur, action sur l'économie animale	SOLUBILITÉ, liquéfaction	PROPRIÉTÉS CHIMIQUES : action de la chaleur, de la lumière, de l'électricité, des métalloïdes et des métaux.
Gaz incolore, inodore saveur sucrée. Dans une capsule de platine incandescente l'AzO liquide prend l'état sphéroïdal et se volatilise plus lentement.	L'eau en dissout les $\frac{4}{5}$ de son vol. à 15° &. Liquéfiable à 0° sous la pression de 30 atmosphères (appareil Faraday). L'AzO liquide bout à − 88° & se solidifie à −100 sous forme de neige. Le liquide se dissout dans l'alcool.	Décomposable par la chaleur en Azote & acide hypoazotique. Comburant comme l'O. à cause de sa facile décomposition. L'O le fait passer à l'état d'acide AzO^4 qui est reconnaissable aux vapeurs rutilantes qu'il forme. C'est un moyen de distinguer AzO & O. Leur différence de solubilité les distingue aussi. Volumes égaux d'AzO & d'H forment un mél. détonant : $AzO + H = Az + O$ Un courant d'AzO & d'H sur de la mousse de platine chauffée, forme AzH^3 & de l'eau. AzO n'entretenant pas les combustions lentes, n'entretient pas la respiration. Il produit l'insensibilité, et est employé comme anesthésique dans les opérations chirurgicales.
	Densité = 1,039 — Bioxyde d'Azote	
Gaz incolore. On ne peut apprécier ni sa saveur ni son odeur car au contact de l'air il se change en acide hypoazotique.	Très peu soluble dans l'eau qui en dissout $\frac{1}{20}$ de son vol. Permanent	Décomposable par la chaleur, mais moins facilement que le protoxyde en acide hypoazotique et en Azote. Le rouge vif le décompose en Azote & en Oxygène. Les étincelles électriques le décomposent en Azote & acide hypoazotique. Sa propriété caractéristique est son action sur l'O. Il donne des vapeurs rutil. Le Bioxyd. d'Az. décompose l'acide AzO^5 & donne de l'acide hypoazotique. Un mélange d'AzO^2 & d'H passant sur la mousse de platine forme AzH^3 & HO. Quand un corps est bien enflammé il brûle dans AzO^2 avec éclat. Mêlé avec des vapeurs de sulfure de C. il brûle à l'approche d'une bougie avec une flamme bleue caractéristique. On reconnaît AzO^2 à ce qu'il est absorbé par une dissolution d'un sel de FeO, qui le colore en brun.

Symbole AzO. Eq. { en poids 22 ; en vol. 2 }

ANALYSE Synthèse composition.	PRÉPARATIONS et purification	USAGES	ETAT naturel
On introduit dans l'eudiomètre 2 vol Az & 2 vol. H.. On fait passer l'étincelle électrique. Il reste 2 vol d'Az. Les 2 vol. d'H ont demandé 1 vol. d'O pour faire de l'eau. 1 vol d'AzO contient donc 1 vol d'Az. $\frac{1}{2}$ vol. O. en poids Az = 63.67 O = 36.33 100.	Se prépare en chauffant légèrement dans une cornue de verre l'Azotate d'AzH^3 $AzH^4O.AzO^5 = 2AzO + 4HO$	Employé en chirurgie. A l'état liquide sert à produire de grands froids. Mélangé avec du sulfure de C. & exposé dans le vide, la temp. s'y abaisse jusqu'à − 140°.	
	AzO^2. Equiv. { en poids 30 ; en vol. 4 }		
On introduit dans l'eudiomètre 4 vol. AzO^2 & 4 vol. d'H. Après l'étincelle il reste 2 vol, d'Az.. 6 vol ont formé de l'eau, sur lesquels il y a 4 vol. d'H & 2 vol d'O. AzO^2 contient donc 2 vol. d'Az. = Az 2 vol. d'O = O^2 en poids 46.67 d'Az 53.33 d'O 100.00.	On l'obtient en traitant à froid le Mercure ou le Cuivre par AzO^5 étendu. $3Cu + 4AzO^5,HO = 3(CuO.AzO^5) + 4HO + AzO^2$. On emploie un flacon à 2 tubulures. On recueille sur l'eau.	Sert dans la préparation de l'acide SO^3 à cause de la facilité avec laquelle il se change en acide AzO^4.	

Densité = 1.45 **Acide Hypoazotique** AzO^4 — Equiv. en poids = 46 — Equiv. en vol. = 4

PROPRIÉTÉS PHYSIQUES: odeur, couleur, saveur, action sur l'économie animale	SOLUBILITÉ, liquéfaction	PROPRIÉTÉS CHIMIQUES: action de la chaleur, de la lumière, de l'électricité, des métalloïdes et des métaux.	ANALYSE Synthèse composition.	PRÉPARATIONS et purification	USAGES	ETAT naturel
Liquide, incolore à 0°, coloré en jaune à 15°, à cause des vapeurs rutilantes, qu'il émet et qui s'y redissolvent. Cristallise à -9° et bout à +22. La tension de la vapeur est considérable. La densité est 1,70. Tache la peau en jaune. C'est un violent poison		AzO^4 est le plus stable des composés oxygénés de l'Azote. La chaleur le décompose difficilement. L'eau le décompose $3AzO^4 + 2HO = AzO^2 + 2(AzO^5, HO)$ En présence des bases forme un azotite et un azotate; ou un azotate et du bioxyde d'Azote. $2AzO^4 + 2KO = KO, AzO^3 + KO, AzO^5$ $3AzO^4 + nHO = AzO^2 + 2AzO^5 + nHO$. Il réagit sur les réactifs colorés à la manière d'un acide fort. Oxydant énergique; oxyde rapidement le soufre et le Phosphore.	On analyse AzO^4 en faisant passer un poids connu de cet acide sur du cuivre chauffé au rouge. $AzO^4 + 4Cu = 4CuO + Az$. On recueille l'Az et on le pèse. On a ainsi: AzO^4 étant représenté par 4 vol. 4 vol. d'O et 2 vol Az en poids { O = 69.56 ; Az = 30.44 } / 100.	On le prépare en chauffant jusqu'au rouge l'azotate de Plomb qui se décompose en O. HO. et PbO. On le met dans une cornue de grès. On le recueille dans un tube recourbé qui plonge dans un mélange réfrigérant. La réaction est $PbO, AzO^5 = PbO + O + AzO^4$		

Densité = 152 **Acide Azotique** AzO^5, HO

PROPRIÉTÉS PHYSIQUES	SOLUBILITÉ	PROPRIÉTÉS CHIMIQUES	ANALYSE	PRÉPARATIONS	USAGES	ETAT naturel
2 acides différents: Acide monohydraté, acide quadrihydraté. $AzO^5.HO$. – jaune, bout à 86°, contient 14 % d'eau, la densité est 1.52. $AzO^5, 4HO$ = Incolore, bout à 123°, contient 40 % d'eau, la densité est 1.42. En faisant bouillir AzO^5, HO son point d'ébullition s'élève à 123°. En général AzO^5 a beaucoup d'énergie sur le tournesol. Neutralise les bases les plus fortes, jaunit la peau et les matières organiques. C'est un violent poison.		L'acide AzO^5 est un acide énergique, mais facilement décomposable. La *chaleur* décompose partiellement l'acide quand on le chauffe à 85°; le rouge blanc le décompose en O et Az. La *lumière* le décompose partiellement. L'*Hydrogène* donne $5H + AzO^5.HO = 6HO + Az$. Le *Carbone* décompose AzO^5 et donne CO^2. Le *Soufre* s'oxyde très promptement et donne SO^3. Le *Phosphore* est violemment attaqué et donne PhO^5. Les *métaux* sont presque tous attaqués. $3Hg + 4AzO^5.HO = 3(HgO, AzO^5) + 4AzO^2$ $4Zn + 5AzO^5.HO = 4(ZnO, AzO^5) + AzO + 5HO$ $3Sn + 2AzO^5.HO = 3SnO^2 + 2AzO$. La plupart des Azotates étant solubles, AzO^5 est un dissolvant des métaux. On peut reconnaître l'acide Azotique à ce qu'il détruit l'indigo; ou en mettant un morceau de cuivre dans la liqueur et chauffant, si elle devient bleue et que des vap. rutil. se forment, c'est AzO^5.	On prend 108 gr. d'Ag. qu'on met dans un excès d'AzO^5, on évapore et on trouve 170 gr. d'Azotate d'Argent. Dans un Azotate neutre l'oxygène de l'acide vaut 5 fois celui de la base. D'ailleurs on sait que 108 d'Ag. exigent 8 d'O. pour faire AgO. 108 + 8 = 116. Donc 170 − 116 = 54 = l'acide Azotique. Il faut donc que l'acide contienne 5 × 8 = 40 d'Oxyg. 54 − 40 = 14 qui sont de l'Azote. D'où composition en poids Az = 25.92 ; O = 74.08 / 100.	On le prépare en traitant un azotate alcalin par l'acide sulfurique $KO, AzO^5 + 2SO^3, HO = KO, HO, 2SO^3 + AzO^5, HO$. On se sert d'une cornue de verre dont le col s'engage dans un réfrigérant et on chauffe. Dans l'Industrie on se sert de l'Azotate de soude et la cornue est en fonte et on fait condenser les vapeurs dans des bonbonnes.	On l'emploie pour décaper les métaux, pour graver à l'eau forte, pour fabriquer le coton-poudre. Détruit l'Indigo. Sert dans la fabrication de l'acide SO^3, HO et de l'acide Oxalique... etc, etc.	Il existe de l'acid. Azotique et des Azotates dans l'air après les orages.

Densite = 0,596 — **Ammoniaque**

PROPRIÉTÉS PHYSIQUES: odeur, couleur, saveur, action sur l'économie animale	SOLUBILITÉ, liquéfaction	PROPRIÉTÉS CHIMIQUES: action de la chaleur, de la lumière, de l'électricité, des métalloïdes et des métaux.
Gaz incolore, d'odeur vive & piquante, saveur âcre. Impropre à la respiration. C'est un caustique; elle produit sur la peau l'effet d'une brûlure. Violent poison	Très soluble dans l'eau, qui en dissout à 0° 1150 fois son vol. & 780 à 15° La dissolution d'AzH^3, qu'on emploie ord.t à la place du gaz, abandonne son gaz à 70°. Exposée dans le vide, elle se détruit aussi. AzH^3 est liquéfiable à −40°, sous la pression atmosphérique. On le liquéfie ord.t en se fondant sur la propriété que possède AgCl d'absorber AzH^3, & de l'abandonner quand on chauffe cette dissolution. On emploie alors un tube recourbé. Dans une extrémité chauffée par un bain-marie on met AgCl chargé d'AzH^3. L'autre extrémité est entourée d'un mélange réfrigérant, AzH^3 devenu libre se liquéfie sous sa pression, par l'action du refroidis[illegible]	Décomposé par la chaleur en H & Az. Les étincelles électriques opèrent la même décomp. Brûle dans l'O. en donnant Az & de l'eau. Quand on fait arriver un courant d'AzH^3 & d'O, sur la mousse de platine, il y a production d'acide Azotique. Le Carbone s'unit à AzH^3 & donne du Cyanure d'Ammonium AzH^4C^2Az. Avec le Chlore on obtient AzH^4Cl & Az. Action identique avec le Brôme, l'Iode, le Fluor, qui lui prennent son Hydrogène. Les métaux chauffés produisent le dédoublement de l'AzH^3. Du fer ou du Cuivre chauffés au rouge opèrent cette décomposition. Les Chlorures, Bromures, Iodures, dissolvent AzH^3 & forment de véritables combinaisons. L'Ammoniaque possède les propriétés générales des bases, ramène au bleu la teinture de tournesol rougie par un acide, verdit le sirop de violettes & sature les acides les plus forts. Il lui faut de l'eau pour agir comme base. C'est alors AzH^4O, ou AzH^3, HO On est donc porté à croire qu'il existe un métalloïde de formule AzH^4 dont le protoxyde est AzH^4O. On a donné à ce métalloïde le nom d'Ammonium. On ne l'a pas encore obtenu à l'état de liberté On reconnait l'Ammoniaque: 1° à ce qu'elle rougit le papier bleu de tournesol & à ce qu'elle verdit le sirop de violettes 2° à ce qu'elle forme d'épaisses fumées blanches de Chlorhydrate d'Ammoniaque quand on la met près d'un vase contenant de l'acide chlorhydrique

AzH^3, HO — Equiv. en poids 17 en vol. 4

ANALYSE Synthèse composition.	PRÉPARATIONS et purification	USAGES	ETAT naturel
On introduit 4 vol d'AzH^3 dans l'eudiomètre on fait passer l'étincelle, le volume double. On ajoute alors 4 vol. d'O en tout 12 vol. On fait passer l'étincelle une 2e fois, il se forme de l'eau & il reste 5 vol. de gaz. Les 9 vol. disparus qui se sont formés ont absorbé 6 vol. d'H & 3 vol. d'O Un morceau de Ph. absorbe 1 équiv. d'O. Les 2 vol. qui restent sont de l'Az. Donc 4 AzH^3 contiennent: 6 vol. d'H & 2 vol. Az condensés en 4 vol. en poids $\begin{cases} Az = 82.36 \\ H = 17.64 \end{cases}$ 100,,,	Pour le préparer, on traite un sel d'AzH^3 par une base plus fixe $AzH^4Cl + CaO = CaCl + HO + AzH^3$ On recueille sur le mercure Le chlorure de Calcium qui se forme peut absorber une partie de l'Ammoniaque. Pour obvier à cet inconvénient, on met alors 2 volumes de chaux & il se forme un oxychlorure qui n'a pas d'action. Dans l'Industrie on extrait l'Ammoniaque des eaux ammoniacales qu'on retire de la distillation de la houille.	Sert à précipiter une foule de bases insolubles très employé dans le laboratoire. Dissout le carmin développe certaines couleurs, comme l'orseille. Employé en médecine comme caustique. Combat l'empoisonnement des ruminants. La grande solubilité est employée, dans l'appareil Carré, à produire la glace artificielle etc. —	Se produit dans la décomposition des matières organiques. Se produit quand l'Az & l'H se rencontrent à l'état naissant, ce qui peut arriver dans la formation de la rouille par exemple. Aussi, ces sources étant assez abondantes, l'AzH^3 existe constamment dans l'air.

Carbone   Symbole C   Equiv. en poids = 6   en vol. = 1

PROPRIÉTÉS PHYSIQUES : odeur, couleur, saveur, action sur l'économie animale	SOLUBILITÉ, liquéfaction	PROPRIÉTÉS CHIMIQUES : action de la chaleur, de la lumière, de l'électricité, des métalloïdes et des métaux.	ANALYSE Synthèse composition.	PRÉPARATIONS et purification	USAGES	ÉTAT naturel.
Corps polymorphe : Variétés naturelles : diamant, graphite, plombagine, anthracite, houille, lignite, tourbe. Variétés artificielles : coke, charbon de bois, charbon de cornue, noir de fumée, noir animal, charbon métallique. Ce sont en général des corps solides ; tous infusibles au feu de forge ; sans saveur, sans odeur ; la densité varie avec la variété.		On reconnaît qu'une substance est du carbone en ce que brûlant dans l'O, elle donne de l'acide carbonique. Avide d'O c'est donc un corps réducteur. Décompose les corps oxygénés donne du CO et du CO^2. Tendance à se combiner avec l'Az pour former le cyanogène C^2Az. Affinité pour le soufre, forme CS^2. Le charbon de bois sert de clarificateur. Le noir animal enlève les couleurs végétales.		On prépare le charbon de bois, en carbonisant le bois dans des meules ; le noir animal en calcinant des os en vase clos ; le noir de fumée en brûlant des matières riches en C. Le charbon de cornue provient de la décomposition par la chaleur de certains carbures qui laissent déposer du C ; le charbon métallique s'obtient en calcinant du sucre. Il se dégage des produits inflammables et le charbon métallique se dépose.	Le graphite sert à faire des crayons, on l'emploie dans la galvanoplastie. La houille est employée comme combustible. La tourbe est employée dans les agglomérés. Le coke est employé dans la métallurgie. Le charbon de bois sert à clarifier. Le charbon de cornue sert dans la lumière électrique.	La houille, l'anthracite et le lignite et la tourbe proviennent d'enfouissements de végétaux dans la terre. On les trouve par couches. On trouve le diamant sous forme de cailloux etc.

Densité = 0,967   Oxyde de Carbone   CO   Equiv. en vol. = 2   en poids = 14

PROPRIÉTÉS PHYSIQUES	SOLUBILITÉ	PROPRIÉTÉS CHIMIQUES	ANALYSE	PRÉPARATIONS	USAGES	ÉTAT naturel
Gaz incolore, inodore, insipide ; sans action sur le tournesol ni sur le sirop de violettes ; sans action sur les bases ni sur les acides. Corps neutre. Dangereux à respirer, vicie le sang.	presque insoluble dans l'eau. Permanent	Combustible dans l'air ; il y brûle avec une flamme bleue caractéristique en se convertissant en CO^2. Le caractère dominant de CO est d'être avide d'O, c'est donc un corps réducteur. Cette propriété est constamment utilisée dans la métallurgie pour réduire l'oxyde de fer ou fer au minerai. L'oxyde de carbone se dissocie à très haute température en acide carbonique et carbone. Introduit dans les poumons il pénètre dans le sang comme l'O. Il se combine avec les globules sanguins, ceux-ci ainsi chargés de CO circulent dans l'organisme, et les combustions lentes ne s'effectuent plus. On reconnaît le CO en ce qu'il est absorbé par le sous-chlorure de cuivre dans l'ammoniaque.	Dans l'eudiomètre à mercure, on introduit 2 vol de CO et 2 vol d'O. Après l'étincelle il reste 3 volumes. Une dissolution de potasse absorbe 2 vol. de CO^2 et laisse 1 vol. d'oxygène. 2 vol de CO exigent donc 1 vol d'oxygène pour se transformer en CO^2. Or comme CO^2 contient son vol d'O, CO en contient son ½ vol. 1 vol de CO contient 1 vol C, ½ vol O ; en poids C = 42,85, O = 57,15. Il a donc fallu que le C se volatilise.	Se prépare par la décomposition par SO^3HO de l'acide oxalique $C^2O^3,3HO$; si on enlève 3HO par SO^3, il reste C^2O^3 qui ne peut pas exister anhydre à une température un peu élevée, il se dédouble en CO^2 et CO. $C^2O^3,3HO + 3(SO^3HO) = (3(SO^3,2HO)) + CO + CO^2$. CO^2 est enlevé à l'aide d'une dissolution de potasse. 2° On peut le préparer encore en réduisant l'oxyde de zinc par la chaleur $ZnO + C = Zn + CO$ et en général quand on réduit par le C un oxyde peu réductible	utilisé dans la métallurgie pour réduire les minerais et pour chauffer l'air qui doit alimenter le foyer.	

 Densité = 1,529 **Acide Carbonique**

PROPRIÉTÉS PHYSIQUES : odeur, couleur, saveur, action sur l'économie animale	SOLUBILITÉ, liquéfaction	PROPRIÉTÉS CHIMIQUES : action de la chaleur, de la lumière, de l'électricité, des métalloïdes et des métaux.
Gaz incolore, odeur piquante, saveur aigrelette; 22 fois plus lourd que l'Hydrogène; Éteint les corps en combustion. Une bougie s'éteint dans CO^2. Impropre à la respiration (Grotte du chien, Naples) On le connaît sous les trois états; solide, liquide et gazeux	L'eau en dissout 1^l,7 à 0°, et 1^l à 15°. Liquéfiable à 0° sous 36 atmosphères avec l'appareil de Thilorier; vase résistant dans lequel se forme CO^2 à l'aide de $CaO,HO,2CO^2$ et de l'acide SO^3HO. On obtient un liquide très volatil soluble dans l'alcool et dans l'éther, bout à −70°. Se solidifie en flocons neigeux.	L'acide CO^2 se dissocie à une haute température et perd une partie de son oxygène. Les étincelles électriques produisent le même dédoublement. Les corps avides d'O peuvent en général le décomposer et lui prennent un équiv. d'O $CO^2 + C = 2CO$ Se combine avec les bases; la baryte l'absorbe complètement. Les carbonates neutres alcalins l'absorbent et se transforment en bicarbonates Produit un précipité dans l'eau de chaux; il s'est formé du carbonate de chaux C'est un des éléments qui forment les plantes, il se décompose et dépose son carbone. Se produit dans toutes les combustions, dans la respiration par conséquent. Les volcans lancent continuellement de l'acide CO^2 dans l'air.

Symbole CO^2 Equiv. en poids = 22 en vol. = 2

ANALYSE Synthèse composition.	PRÉPARATIONS et purification	USAGES	ETAT naturel
Synthèse. — On fait brûler du Carbone pur dans de l'Oxygène; on reconnaît que CO^2, contient 2 vol d'O et 1 de C. À l'aide de l'appareil de Dumas et Boussingault on reconnaît, par analyse en poids, que 100 gr contient { 27.27 de Carbone, 72.73 d'Oxygène	1° On brûle du Carbone pur dans l'Oxygène 2° On décompose des carbonates $CaO,CO^2 = CaO + CO^2$ en chauffant au rouge vif 3° On traite CaO,CO^2 par HCl $CaO.CO^2 + HCl = CaCl + HO + CO^2$ Dans un flacon à 3 tubulures Dans l'industrie on se sert de $SO^3.HO$.	Sert à préparer les eaux gazeuses artificielles (Gazogène de Briet) Utilisé pour la préparation de la céruse. Employé en médecine. L'eau chargée de CO^2 dissout et transporte aux animaux les matériaux nécessaires à leur consommation	Existe constamment dans l'air, à cause de l'abondance des sources qui l'y déversent. En plus grande quantité dans les villes que dans les campagnes. [illegible] en absorbent beaucoup.

Densité = 0,559 **Protocarbure d'Hydrogène**

Gaz incolore, inodore et insipide Combustible brûle avec une flamme bleuâtre	Très peu soluble dans l'eau, on n'a pas encore pu le liquéfier	Stable, il faut un rouge très vif pour le décomposer. Composé de 2 corps combustibles, il brûle facilement: $C^2H^4 + 8O = 2CO^2 + 4HO$ Un mélange de 4 vol de C^2H^4 et de 8 vol d'O détone violemment à l'approche d'une flamme Le Chlore le décompose et forme de l'acide HCl. Sous l'influence des rayons solaires le chlore réagit sur le C^2H^4 et se substitue équiv. à équiv. à l'Hydrogène. Parmi les différents composés qui se forment, il y a le Chloroforme C^2HCl^3 Se forme dans la décomposition de la houille. C'est le grisou.

C^2H^4 Equiv. en poids = 16 en vol. = 4

Dans l'eudiomètre à mercure, 4 vol de ce gaz + 12 vol d'O. Après l'étincelle, il reste 8 vol de gaz, la potasse absorbe 4 vol. Il y avait donc 4 vol de CO^2. Le reste est absorbé par le phosphore. Sur les 8 disparus il y en a 4 qui ont été employés avec le C pour former CO^2 et les 4 autres ont formé [illegible] H. Donc 4 vol. C^2H^4 contiennent { [illegible] de C = [illegible]; 8 d'H = [illegible]	La préparation se fonde sur ce que l'acide acétique se dédouble en CO^2 et C^2H^4 $C^4H^4O^4 = 2CO^2 + C^2H^4$ On se sert pour la préparation du gaz de l'action d'un alcali sur l'acétate de soude $NaO,C^4H^3O^3,HO + BaO = NaO,CO^2 + BaO.CO^2 + C^2H^4$	Fait partie du gaz d'éclairage	Se trouve dans les eaux boueuses des marais ou dans les carrières qui forment les gisements houillers.

Densité = 0,980 **Bicarbure d'Hydrogène** C^4H^4 Equiv. en poids = 28 En vol. = 4

PROPRIÉTÉS PHYSIQUES : odeur, couleur, saveur, action sur l'économie animale	SOLUBILITÉ, liquéfaction	PROPRIÉTÉS CHIMIQUES : action de la chaleur, de la lumière, de l'électricité, des métalloïdes et des métaux.	ANALYSE Synthèse composition.	PRÉPARATIONS et purification	USAGES	ETAT naturel
Gaz incolore, d'odeur un peu éthérée, sans saveur, sans action sur les réactifs colorés. Neutre. Combustible ; brûle avec une flamme blanche	un peu soluble dans l'eau ; soluble dans l'acide $SO^3.HO$ Liquéfiable par une pression de ... atmosph. C'est alors un liquide incolore, très réfringent, qui dissout les corps gras. On n'a pas encore pu le solidifier.	La chaleur le décompose, et donne du C. et son volume double d'H. L'électricité opère la même décomposit. 1 vol de C^4H^4 et 3 vol. d'O ou 14 à 15 d'air forment un mélange détonant. Un mélange de vol. égaux de Cl et de C^4H^4 forme la liqueur des Hollandais. Un nouveau vol. de Chlore donne un nouveau composé en se substituant à un second équiv. d'Hydrogène, et ainsi de suite, le Chlore se substitue équiv. à équiv. comme dans C^4H^4 à l'Hydrogène et donne 4 composés différents. Se forme dans la décomposition de la houille.	Dans l'eudiomètre, 4 vol de C^4H^4 et 20 vol d'O. Il reste 16 vol. après l'étincelle. La potasse enlève 8 vol. d'acide CO^2 sur les 12 vol. disparus d'Oxygène, 8 ont formé du CO^2 et 4 ont formé de l'eau. Avec 8 d'H, 4 vol de C^4H^4 contiennent donc 4 vol. de vap. de Carbone et 8 d'Hydrogène en poids $\left\{ \begin{array}{l} C = 85.72 \\ H = 14.28. \end{array} \right.$	Se prépare en faisant réagir l'acide sulfurique sur l'alcool. $C^4H^6O^2 + 2SO^3.HO = C^4H^4 + 2(SO^3.2HO)$ On mélange d'abord l'acide et l'alcool ; on les fait chauffer ensuite dans une cornue et on a soin de mettre un peu de sable dans le fond pour éviter le boursouflement. On ne chauffe pas au-dessus de 160°, car il se ferait de l'éther. Le gaz passe ensuite dans un appareil laveur.	Fait partie du gaz d'éclairage	
Gaz d'Éclairage						
Gaz incolore, odeur caractéristique. Obtenu d'abord par l'Ingénieur français Lebon qui distillait du bois. Obtenu aujourd'hui de la houille. 100 kil. de houille minérale donnent 25 m. de gaz ; 4 à 5 kilog. de goudron ; 60 à 70 kil. de coke Combustible donne une flamme blanche très éclairante.	Insoluble dans l'eau.	Le Gaz d'éclairage est formé par la réunion de plusieurs gaz : 1° Le Protocarbure et le Bicarbure d'Hydrog. 2° Acide Carbonique 3° Azote 4° Hydrogène 5° Oxyde de Carbone 6° Acide Sulfhydrique 7° des Carbures condensables. se compose aussi de goudrons qui contiennent de la Benzine, de l'eau, des sels ammoniacaux, de l'aniline, de l'acide phénique, de la Naphtaline. etc. etc. Plusieurs de ces corps n'étant pas combustibles il faut une purification longue et difficile. Il ne doit pas y exister de traces de HS, de CO^2, ni de sels ammoniacaux		On chauffe la houille au rouge dans des cornues de grès. Il faut purifier le gaz qu'on recueille avec Épuration physique. Les produits condensables commencent à se déposer dans le barillet, puis continuent à se déposer dans une série de tuyaux en fonte disposés en jeu d'orgue. Certaines matières huileuses et les sels ammoniacaux sont condensés dans un cylindre rempli de coke. L'épuration chimique commence à une caisse divisée en compartiments par des claies sur lesquelles on dispose de la sciure de bois ; du sulfate de chaux et de l'oxyde de fer ; le sulfate de chaux retient les sels d'AzH^3 et l'oxyde de fer retient l'acide HS. Ces éléments exposés à l'air redeviennent le mélange primitif	Employé comme combustible et comme éclairant ; remplace l'Hydrog. dans le chalumeau. Les produits secondaires sont tous employés ; les uns servent à faire les couleurs, d'autres servent à fabriquer la benzine ; fabrication du noir de fumée etc...	

Densité = 2,03 **Soufre** Symbole

Equiv. en poids

PROPRIÉTÉS PHYSIQUES : odeur, couleur, saveur, action sur l'économie animale	SOLUBILITÉ, liquéfaction	PROPRIÉTÉS CHIMIQUES : action de la chaleur, de la lumière, de l'électricité, des métalloïdes et des métaux.	ANALYSE Synthèse composition.	PRÉPARATIONS et purification	USAGES	ÉTAT naturel
Solide, jaune citrin, conducteur mal la chaleur et l'électricité. En évaporant sa dissolution dans CS^2, on obtient des cristaux du 4e système; fondu à 111°, refroidi dans ces conditions il se cristallise en aiguilles du 5e système. Il est donc dimorphe.	Soluble dans l'éther, dans l'alcool et le sulfure de carbone. Insoluble dans l'eau.	La chaleur le fond à 111°; à 160°, il s'épaissit et il devient fluide. À cette température il se solidifie dans l'eau à l'état de caoutchouc. À 440° il se réduit en vapeurs. Si dans du soufre qui refroidit on plonge un thermomètre on constate l'arrêt à 240° et à 140°; le soufre éprouve 2 changements moléculaires pendant lesquels il y a dégagement de chaleur. Le soufre est combustible dans l'O. Grande affinité pour les métaux. On trouve une grande partie des minerais à l'état de sulfures.		On le prépare en faisant brûler incomplètement le minerai tel qu'on le retire. On obtient ainsi 1/3 de soufre. (méthode des Calcaroni). À Pouzzoles on remplit des cornues de soufre en minerai; après avoir fermé l'ouverture supérieure des cornues on chauffe jusqu'à ce que tout le soufre ait été distillé. Il se condense et se solidifie dans des baquets d'eau froide qui communiquent avec les cornues par des tubes	Sert à préparer l'acide SO^3HO, l'acide SO^2, du CS^2. Sert à la fabrication des allumettes, de la poudre de guerre, de chasse, de la vulcanisation du caoutchouc. Utilisé dans la viticulture pour le soufrage des vignes	Se trouve à l'état natif dans les solfatares de Sicile. Dans les pyrites, dans la galène, dans le sulfate de chaux, etc.

Densité = 2,234 **Acide Sulfureux** SO^2 Equiv. en poids: 32 en vol. = 2

Gaz incolore, d'odeur vive et suffocante. Éteint les corps en combustion. Si on calcine dans un creuset de platine porté au rouge et si l'on y fait tomber quelques gouttes d'eau dans le creuset exposé en retirant des morceaux de glace	Soluble dans l'eau, à 15° elle en dissout 50 fois son volume; à 0°, 90 fois. Très facile à liquéfier. À −12° pression atmosphérique on obtient un liquide incolore très mobile qui bout à −10° et se solidifie à −75°. On se sert de la dissolution de SO^2 qu'on obtient par l'appareil de Woulf.	SO^2 est stable, n'est décomposable ni par la chaleur, ni par l'électricité. L'Oxygène sec n'a pas d'action sur SO^2. En présence de l'eau, ou en présence de la mousse de platine il donne SO^3HO. SO^2 est avide d'oxygène, il décompose AzO^5. Transformable par les corps oxydables en SO^3. Corps réducteur. Avec l'Hydrogène on a $SO^2 + 2H = 2HO + S$. Si H est à l'état naissant $SO^2 + 3H = HS + 2HO$. Le Carbone décompose SO^2 au rouge. Avec le Chlore en présence de l'eau SO^2 donne de l'acide sulfurique et l'acide HCl: $SO^2 + Cl + 2HO = SO^3HO + HCl$. Forme des sulfites, c'est un acide bibasique. Il donne deux sortes de sels: $SO^2,2MO$ sulfite neutre, SO^2,MO,HO bisulfite. Réagit sur la teinture de tournesol.	Synthèse. — Dans un ballon d'O, on enflamme un morceau de soufre avec une lentille qui fait converger les rayons lumineux sur le soufre. Il se forme l'acide SO^2 et le vol n'a pas changé. 1 vol de SO^2 contient donc 1 vol d'O. 1 vol de SO^2 pèse 2.234, 1 vol d'O 1.105, il reste 1.129. 1.12 est à peu près la demi-densité du soufre. 1 vol SO^2 cont. 1/2 vol de soufre, 1 vol d'O. En poids S = 50, O = 50 / 100	On chauffe le bioxyde MnO^2 avec du soufre. $MnO^2 + 2S = SO^2 + MnS$. On peut désoxyder l'acide SO^3HO: 1° en chauffant au rouge $SO^3HO = SO^2 + O + HO$. 2° en chauffant avec le C. $2SO^3HO + C = CO^2 + 2SO^2 + HO$. 3° en chauffant avec du cuivre $Cu + 2SO^3HO = CuO.SO^3 + SO^2 + 2HO$. On peut employer les pyrites $FeS + O^6 = FeO.SO^3 + SO^2$. Dans l'industrie on brûle le soufre à l'air.	Employé pour éteindre les feux de cheminées. Dans le soufrage des tonneaux; pour le blanchiment des étoffes. Son emploi le plus considérable est dans la fabrication de l'acide SO^3HO	On trouve des sulfites dans la nature.

Acide Sulfurique Anhydre — SO^3 Equiv. en poids = 40 en vol. = 2

PROPRIÉTÉS PHYSIQUES : odeur, couleur, saveur, action sur l'économie animale	SOLUBILITÉ, liquéfaction	PROPRIÉTÉS CHIMIQUES : action de la chaleur, de la lumière, de l'électricité, des métalloïdes et des métaux.	ANALYSE Synthèse composition.	PRÉPARATIONS et purification	USAGES.	ÉTAT naturel.
Solide blanc, cristallin en longues aiguilles soyeuses et brillantes, répand à l'air des fumées blanches. Densité, solide = 1,97	Fond à 18°, se volatilise à 35°, la densité de sa vapeur = 2,76	Avide d'eau, forme un hydrate c'est $SO^3.HO$. Production de la chaleur dans cette combinaison. Les fumées blanches sont dues à ce que SO^3 forme avec l'humidité de l'air $SO^3.HO$ qui se condense en fumées épaisses.		En faisant passer sur de l'SO^2, de la mousse de platine chauffée $SO^2 + O = SO^3$. En distillant l'acide de Nordhausen $2SO^3.HO$ qui se sépare en $SO^3.HO$ et SO^3		
Densité = 1,9 — Acide Sulfurique de Nordhausen. Equiv. en poids = 40 en vol. = 2						
Liquide de consistance oléagineuse, incolore, répand à l'air d'abondantes fumées blanches dues à la présence de l'acide anhydre.				On le prépare en chauffant le sulfure de fer à l'air $FeS^2 + 6O = SO^3 + FeO,SO^3$. Chauffant le sulfate de fer. $2FeO.SO^3 = SO^2 + Fe^2O^3 + SO^3$. Se prépare dans les fourneaux de Galères. Le colcothar Fe^2O^3 reste comme résidu	Employé dans la teinture pour dissoudre l'indigo.	
Densité 1,84 — Acide Sulfurique Normal SO^3 Equiv. en poids = 49						
Liquide de consistance oléagineuse, incolore, inodore, marquant 66° Baumé, se solidifie à −34°. Entre en ébullition à 325°. Violent poison		La chaleur rouge décompose $SO^3.HO$ en eau, oxygène et acide sulfureux. Se combine avec l'eau et en absorbe jusqu'à 15 fois son vol. Mélangé à l'eau il élève la temp. de 100° et peut produire la fusion de la glace. SO^3 détruit la plupart des mat. organiques en absorbant l'eau. Les corps avides d'O sous l'influence de la chaleur désoxydent l'acide SO^3. Hydrog. — $SO^3,HO + H = SO^2 + 2HO$. $SO^3,HO + 3H = 4HO + S$. H. à l'état naissant. $SO^3.HO + 4H = HS + 4HO$. Le Carbone. — $C + 2(SO^3.HO) = 2SO^2 + CO^2 + 2HO$. Le chlore, le brome et l'iode n'ont pas d'action. Avec les Métaux, on obtient des sulfates, excepté avec l'Or et le Platine. $Cu + 2SO^3.HO = SO^2 + HO + CuO.SO^3$. Avec ceux qui décomp. l'eau à froid il y a dégagement d'H. $Zn + SO^3.HO = ZnO.SO^3 + H$. On reconnaît l'acide sulfurique par le Chlorure de Baryum. Il se forme un sulfate insoluble. $SO^3.HO$ rougit fortement la teinture de tournesol.	On détermine d'abord la quant. d'eau contenue dans $SO^3.HO$ au moyen de 260. On fait passer des vapeurs d'acide sulfurique dans un tube de porcelaine chauffé au rouge. On recueille de l'oxygène et de l'acide sulfureux. Une dissolution de potasse réduit les deux vol. gazeux. Il y avait donc 2 vol de SO^2 pour 1 vol. d'O. $SO^3.HO$ se compose donc de 1 vol. de vapeur de soufre et 3 vol. d'oxygène et en poids: S = 40, O = 60, total 100	La préparation se résume théoriquement dans ces 3 équations. $AzO^2 + O^2 = AzO^4$; $3AzO^4 + 2HO = 2AzO^5,HO + AzO^2$; $SO^2 + AzO^5.HO = SO^3,HO + AzO^4$. Fabriqué dans les chambres de Plomb où s'accomplissent ces 3 réactions. Il contient comme impuretés SO^2, qui décolore le permanganate de potasse; des sels de Plomb qu'on reconnaît avec HS; des comp. oxygénés de l'Az qu'on reconnaît au moyen des sels de protoxyde de fer qui se colorent en noir. Arsenic au moyen de l'appareil de Marsh. Pour le purifier on distille l'acide et on rejette le premier quart et le dernier qui contiennent les comp. oxygénés de l'Az. L'acide HS forme des sulfhydrates solides avec As et Pb qui tombent au fond. On concentre dans des bassines de Pb et dans des cornues de platine.	Sert à dessécher les gaz. À la préparation des acides plus volatils que lui. Préparation du phosphore; des acides citrique, tartrique, stéarique. Sert à préparer l'Hydrogène. Préparation de la garance; fabr. [illegible] [illegible]; épuration des huiles.	

Densité = 1,19 Acide Sulfydrique — HS Équiv. en poids = 17 en vol. = 2

PROPRIÉTÉS PHYSIQUES : odeur, couleur, saveur, action sur l'économie animale	SOLUBILITÉ. liquéfaction	PROPRIÉTÉS CHIMIQUES : action de la chaleur, de la lumière, de l'électricité, des métalloïdes et des métaux.	ANALYSE Synthèse composition.	PRÉPARATIONS et purification	USAGES	ÉTAT naturel
Gaz incolore, d'une odeur fétide. Combustible brûle avec une flamme bleue. Gaz délétère, une faible proportion asphyxie.	L'eau en dissout 4 à 5 fois son vol. à la température ordinaire. On emploie ... la dissolution. Liquéfiable dans un tube recourbé qui contient HS^2 [illegible] qui produit HS en chauffant ; qui se liquéfie sous sa propre pression dans l'autre extrémité du tube. Liquide incolore. Densité 0,9. Se solidifie à − 85°.	L'acide sulfydrique n'est pas très stable, on peut le décomposer par la chaleur et l'électricité. Brûle dans l'oxygène donne SO^2, dans l'air ne donne que du soufre. L'Oxygène n'a pas d'action ; en présence de l'eau il se dépose du soufre. En présence de la mousse de platine. $HS + O^4 = SO^3,HO$. Le Carbone le décompose et luiprend son soufre. Le Cl, le Br, l'I s'emparent de son Hydrogène et mettent le soufre en liberté. $Cl + HS = HCl + S$. Avec l'acide AzO^5. $AzO^5,HO + HS = AzO^4 + 2HO + S$ Avec les sels donne un sulfure et met l'acide en liberté. $AgO,AzO^5 + HS = AgS + AzO^5,HO$ C'est donc un corps réducteur. Avec les métaux : $PbO + HS = PbS + HO$ On reconnaît sa présence au moyen des sels de plomb qu'il noircissent.	Dans une cloche courbe on fait décomposer HS par l'étain. Il reste de l'H ; le vol. n'a pas changé. 1 vol $d'HS$ = 1,190 1 vol $d'H$ = 0,069 Il reste 1,121 1,121 est la ½ densité de la vapeur de soufre. HS contient 1 vol. d'H et ½ vol. de vapeur de soufre. en poids: $H = 5,88$, $S = 94,12$, 100,00	On attaque un sulfure par un acide. $FeS + SO^3,HO = FeO,SO^3 + HS$ (flacon à deux tubulures) On emploie plus généralement le sulfure d'antimoine Sb^2S^3 qu'on traite par HCl $Sb^2S^3 + 3HCl = 3HS + Sb^2Cl^3$ On emploie un ballon dans lequel on met HCl + Sb^2S^3 par un entonnoir au bouchon, se dégage HS. Un flacon laveur débarrasse HS de l'acide HCl qu'il aurait pu entraîner.	Sert dans les laboratoires, pour les analyses des dissolutions métalliques. Employé en médecine à l'état de dissolution dans certaines eaux minérales	Se produit spontanément dans la décomposition des mat. organiques. Se dégage dans certaines eaux sulfureuses

Densité = 1,26 Sulfure de Carbone — C^2S^2 Équiv. en poids = 38 en vol. = 2

PROPRIÉTÉS PHYSIQUES	SOLUBILITÉ	PROPRIÉTÉS CHIMIQUES	ANALYSE	PRÉPARATIONS	USAGES	ÉTAT naturel
Liquide incolore, odeur fétide. Très mobile, réfractant beaucoup la lumière ; très volatil, bout à 47° ; émet beaucoup de vapeurs. Dissout le soufre ; l'iode, qu'il colore en belle couleur violette ; et les corps gras. Brûle avec une flamme bleue. La vapeur de CS^2 est délétère.	À peu près insoluble dans l'eau, soluble dans l'éther et l'alcool. N'a pas encore pu être solidifié	N'est décomposé par la chaleur qu'à une température très élevée. Il donne en brûlant $CS^2 + 6O = CO^2 + 2SO^2$ L'Hydrogène dégagé dans l'action du zinc en présence de SO^3,HO, donne avec CS^2 de l'acide sulfydrique. Le Chlore donne avec CS^2 porté au rouge $C^2S^4 + 8Cl = C^2Cl^4 + 2S^2Cl^2$ Les métaux le décomposent en donnant un sulfure et du charbon. Si on fait passer du CS^2 sur des oxydes chauffés au rouge, il se forme des sulfures et il se dégage de l'acide CO^2 ou du CO suivant que l'oxyde est plus ou moins réductible. Son analogie de propriétés avec CO^2 l'a fait appeler acide sulfocarbonique. Acide, parce qu'il joue ce rôle, vis-à-vis des sulfures alcalins	La composition est fondée sur ce que, si l'on fait passer CS^2 sur du cuivre, ce métal retient le soufre, et son accroissement de poids donne le poids du soufre de CS^2. On trouve ainsi CS^2 = 1 vol de vap. de soufre, ½ vol de vap. de carb. en poids: $C = 15,78$, $S^2 = 84,22$, 100,00	On le prépare en faisant passer la vapeur de soufre sur des charbons incandescents. On remplit un tube de charbon en poudre, on fait passer de la vap. de soufre dans ce tube et CS^2 est recueilli dans une éprouvette refroidie. Au sortir du tube, il n'est jamais pur, il contient du soufre en suspension. Une douce chaleur le purifie.	Utilisé dans la fabrication du phosphore. Il dissout le phosphore ordinaire, le phosphore rouge y est insoluble. Employé pour la vulcanisation du caoutchouc. Employé encore pour la dissolution des corps gras.	

 Densité = 1,83 — **Phosphore**

PROPRIÉTÉS PHYSIQUES: odeur, couleur, saveur, action sur l'économie animale	SOLUBILITÉ. liquéfaction	PROPRIÉTÉS CHIMIQUES: action de la chaleur, de la lumière, de l'électricité, des métalloïdes et des métaux.
Solide flexible, incolore, odeur d'ail; fond à 44° et présente le phénomène de la surfusion; bout à 290°. Phosphorescent. Excessivement délétère, agit avec une extrême violence. On ne lui connaît pas de contre poison.	Insoluble dans l'eau; soluble en petite quantité dans l'éther et l'alcool; très soluble dans le sulfure de carbone.	Quand on chauffe Ph à 240° il devient rouge, et ses propriétés sont changées totalement; il n'est plus phosphorescent; il est moins facilement oxydable, et n'est plus vénéneux. A 260° il redevient Ph. ordinaire. Ph. se combine avec O de l'air et forme l'acide phosphoreux. L'oxyde très promptement en dégageant une chaleur assez forte quelquefois pour l'enflammer. En brûlant donne PhO^5. Le Phosphore s'enflamme dans le Chlore et y forme un protochlorure ou un perchlorure. L'acide Azotique oxyde le phosphore si vivement, qu'il en résulte une suite d'explosions
Acide phosphoreux		
Existe anhydre ou hydraté. Anhydre, c'est une poudre blanche combustible, avide d'eau. Hydraté, il est tribasique; il contient toujours 2 eq. d'eau qui peuvent remplacer 2 équiv. de base. Cristallise en parallélipipèdes transparents.		Soumis à l'action de la chaleur il donne du phosphure gazeux d'Hydrogène et l'acide $PhO^5,3HO$. Très avide d'Oxygène. Il décompose les sels de Mercure et d'argent, pour passer à l'état d'acide phosphorique. Il réduit SO^2: $PhO^3,3HO + SO^2 = PhO^5,3HO + S$. Ramène l'acide sulfurique à l'état d'acide sulfureux.
Acide hypophosphoreux		
Liquide visqueux, fortement acide, incolore, contient toujours 3 équivalents d'eau. Monobasique. Un seul eq. d'eau peut être remplacé par un eq. de base.		Décomposé par la chaleur en PhO^5 et phosphures d'Hydrogène. Très avide d'oxygène, réduit les oxydes métalliques. Chauffé avec SO^3,HO le décompose et donne un dépôt de soufre, ce que ne fait pas l'acide phosphoreux, moyen de les distinguer

Symbole Ph . Equiv. en poids = 31 en vol. = ,

ANALYSE Synthèse composition.	PRÉPARATIONS et purification	USAGES	ETAT naturel
	On l'extrait des os, qu'on brûle et qui laissent comme résidu la cendre d'os. Cette cendre contient 80 % de phosphate de CaO et 10 % de CaO,CO^2. On mélange cette cendre avec de l'acide SO^3,HO dans un cuvier de plomb. $3CaO,PhO^5+2SO^3,HO = 2CaO,SO^3 + CaO,2HO,PhO^5$. CaO,SO^3 n'est pas soluble; le phosphate acide l'est au contraire, on peut le retirer facilement. On lui ajoute $\frac{1}{5}$ de son poids de charbon; on fait bouillir le tout ensemble: $3(CaO,PhO^5) + 10C = 10CO + 3CaO,PhO^5 + Ph$. est obtenu en concassant la masse et chauffant dans des cornues de grès. On passe ensuite Ph au noir animal sous le moule.	Son principal usage industriel consiste dans la fabrication des allumettes	Existe dans la nature à l'état de phosphate, ceux de chaux, de plomb et de fer sont les plus nombreux.
PhO^3			
	On le prépare anhydre en faisant passer de l'air à froid sur du phosphore. On prépare l'acide hydraté en décomposant par l'eau le protochlorure de phosphore: $PhCl^3 + 3HO = PhO^3 + 3HCl$.	Sert pour la réduction de certains oxydes, ou de composés instables	Se forme quand le Ph. se trouve au contact de l'air.
PhO			
	Pour le préparer on fait bouillir du Ph. avec BaO on obtient de l'hypophosphite de Baryte, à quoi on ajoute de l'eau SO^3,HO, on obtient $PhO,3HO$		

Acide phosphorique

PROPRIÉTÉS PHYSIQUES. odeur, couleur, saveur, action sur l'économie animale	SOLUBILITÉ. liquéfaction	PROPRIÉTÉS CHIMIQUES ; action de la chaleur, de la lumière, de l'électricité, des métalloïdes et des métaux.
L'acide anhydre est blanc pulvérulent, fond au rouge et se volatilise au blanc.		Corps très avide d'eau, y produit un sifflement aigu. Chauffé au rouge avec du charbon il se décompose en donnant CO et du Phosph.
Acides Phosphoriques		
3 hydrates : PhO^5, HO. acide métaphosphorique en verre vitreux incolore, incristallisable se volatilise au rouge blanc. Il est monobasique. $PhO^5, 2HO$. acide pyrophosphorique en verre vitreux cristallise difficilement bibasique. $PhO^5, 3HO$. marbre, saveur fortement acide, cristallise en prismes droits à base rhombe tribasique	L'acide PhO^5, HO est très soluble dans l'eau.	PhO^5, HO. – L'action prolongée de l'eau le change en $PhO^5, 3HO$. Il coagule l'albumine et précipite en blanc les sels de baryte. C'est un acide monobasique. Un sel sera de la forme. MO, PhO^5. $PhO^5, 2HO$. – Chauffé au rouge sombre perd un équivalent d'eau. L'eau le fait passer à l'état d'acide phosphorique ordinaire, $PhO^5, 3HO$. La réaction est bien plus accentuée quand on chauffe. Cet acide ne précipite pas l'albumine ni les sels de baryte, mais, neutralisé par une base, donne un précipité blanc dans AgO, AzO^5. C'est un acide bibasique, il donne 2 sels. $2MO, PhO^5$; MO, HO, PhO^5 $PhO^5, 3HO$. – acide phosphorique ordinaire. Chauffé se transforme en $PhO^5, 2HO$ et PhO^5, HO ; la chaleur ne peut pas le rendre anhydre. – Réduit par le charbon, donne CO, CO^2 et Ph. – Rougit fortement le tournesol. Ne précipite ni l'albumine ni les sels de Ba mais, neutralisé, précipite AgO, AzO^5 en jaune. C'est un acide tribasique, donne 3 sortes de sels $3MO, PhO^5$; $2MO, HO, PhO^5$; $MO, 2HO, PhO^5$;

Anhydre PhO^5 en poids = 71

ANALYSE Synthèse composition.	PRÉPARATIONS et purification	USAGES	ÉTAT naturel
On peut déterminer sa composition en faisant passer un courant d'O sur un poids connu de Ph rouge chauffé, on constate que 31 gr. de Ph donnent 71 gr. d'acide PhO^5	On le prépare dans un ballon à 3 tubulures. Un tube qui passe par la tubulure supérieure aboutit au centre et, dans lequel on met le phosphore qu'on enflamme à l'aide d'une tige chauffée. L'acide se condense dans un flacon uni au premier par les tub. latérales.	Sert à dessécher les gaz. Était avide d'eau.	
hydratés			
Pour déterminer la quantité d'eau contenue dans un acide PhO^5 hydraté, on en chauffe un poids connu avec de l'oxyde de plomb. L'augmentation de l'oxyde de plomb, donne le poids de l'acide anhydre et fait analyser l'acide anhydre.	PhO^5, HO. – On chauffe $PhO^5, 3HO$ et 2 équivalents d'eau disparaissent. 2° On chauffe AzH^4O, PhO^5 $2AzH^4O, HO, PhO^5 = PhO^5, HO + 2AzH^3 + 2HO$ $PhO^5, 2HO$. – On traite par HS le pyrophosphate de plomb. $2PbO, PhO^5 + 2HS = 2PbS + PhO^5, 2HO$. On prend pour cela le pyrophosphate acide de soude NaO, HO, PhO^5, en le fondant au rouge HO disparaît ; on dissout NaO, PhO^5 dans l'eau et on verse de l'Azotate de plomb, [illegible] $2(NaO, PhO^5) + 2(PbO, AzO^5) = 2PbO, PhO^5 + 2NaO, AzO^5$ $PhO^5, 3HO$. – On emploie le perchlorure de phosphore qu'on traite par l'eau $PhCl^5 + 8HO = PhO^5, 3HO + 5HCl$ On évapore pour chasser HCl. 2° On introduit dans une cornue du Ph. et 13 fois autant d'AzO^5 $3Ph + 5AzO^5, HO + 4HO = 3PhO^5, 3HO + 5AzO^2$ On chauffe, [illegible] les premières vapeurs rutilantes. On concentre ensuite le liq.	Importantes à cause de leurs [illegible]	Existent dans la nature, combinés au fer, au manganèse, plomb, à la chaux etc.

 Densité = 1,185

Phosphure gazeux — PhH^3 en poids = 14 en vol. 4

PROPRIÉTÉS PHYSIQUES : odeur, couleur, saveur, action sur l'économie animale	SOLUBILITÉ, liquéfaction	PROPRIÉTÉS CHIMIQUES : action de la chaleur, de la lumière, de l'électricité, des métalloïdes et des métaux.	ANALYSE Synthèse composition.	PRÉPARATIONS et purification	USAGES	ÉTAT naturel.
Gaz incolore, odeur aliacée.	L'eau en dissout $\frac{1}{4}$ de son vol. Il est plus soluble dans l'alcool.	Inflammable à 100° et lorsqu'il est pur. S'enflamme spontanément quand il contient un peu de vap. de phosphure liquide. Il donne en brûlant de l'acide PhO^5. Le bioxyde d'Azote communique au phosphure la propriété de s'enflammer spontanément. Le Chlore décompose le phosphure avec chaleur et lumière. Corps réducteur, réduit les sels d'Argent, de Mercure, de Cuivre. PhH^3 n'est pas neutre, forme avec le Brome et l'Iode, le Bromhydrate d'Hydrog. phosphoré et l'Iodhydrate de PhH^3. PhH^3 est absorbable par les sels de Cuivre. Ce qui permet de le distinguer de l'H qui n'est pas absorbé. Beaucoup d'analogie avec AzH^3, comme propriétés et comme composition.	Dans une cloche courbe contenant 4 vol. de Phosphure gazeux et du Cuivre, on chauffe le volume augmente et il reste 6 vol. qui sont de l'Hydrogène. PhH^3 est donc formé de 6 vol. d'H et 1 vol. de Ph enlevé par le Cuivre. Si de $4 \times 1.18 = 4.72$ on retranche 6 vol. d'H $6 \times 0.069 = \underline{0.414}$ il reste 4.306 à peu près la dens. de la vap. de phosphore. En poids $Ph = 91.18$, $H = 8.82$ / 100 "	1° PhH^3 spontanément inflammable, ou qui contient du phosphure liquide. On fait chauffer un mélange de Chaux, de Ph et d'eau. $4Ph + 3CaO + 9HO = PhH^3 + 3(CaO, HO, PhO)$. 2° PhH^3 non spontanément inflammable ou phosphure pur. 1° En décomposant le phosphure de calcium Ca^2Ph par l'acide HCl $Ca^2Ph + 2HCl = 2CaCl + PhH^2$ mais $5PhH^2 = 3PhH^3 + Ph^2H$. On obtient facilement du PhH^3 pur 1° en décomposant par la chaleur $PhO, 3HO$ ou $PhO^3, 3HO$. $4(PhO^3, 3HO) = PhH^3 + 3(PhO^5, 3HO)$ $2(PhO, 3HO) = PhH^3 + PhO^5, 3HO$.		Se produit dans la décomp. de matières organiques, qui contiennent du Ph, comme la tissu nerveux par exemple.
Phosphure liquide			**PhH^2**			
Liquide incolore.	Insoluble dans l'eau.	Se décompose sous l'influence de la chaleur à 30°. La lumière le décompose rapidement en phosphure solide et liquide. S'enflamme spontanément au contact de l'air. Rend spontanément inflammable tous les gaz combustibles, auxquels on le mélange, et par sa seule présence.		On le prépare en jetant du Ca^2Ph dans l'eau $Ca^2Ph + 2HO = CaO + PhH^2$. L'eau est maintenue à 30° par un bain-marie.		
Phosphure solide			**Ph^2H**			
Poudre jaune faible odeur de phosphore.	Insoluble dans l'eau.	Se décompose en Ph et de l'Hydrogène. La lumière le fait devenir rouge. S'enflamme dans l'air chauffé à 160°. Au contact des alcalis est décomposé et se forme : l'oxyde de phosphore, de l'hydrogène phosphoré et des hypophosphites.		S'obtient en décomposant le PhH^2 qui donne Ph^2H et PhH^3.		

Densité = 5,75 — Arsenic

PROPRIÉTÉS PHYSIQUES: odeur, couleur, saveur, action sur l'économie animale	SOLUBILITÉ, liquéfaction	PROPRIÉTÉS CHIMIQUES: action de la chaleur, de la lumière, de l'électricité, des métalloïdes et des métaux.
Solide gris métallique. Sans saveur, sans odeur à la temp. ordinaire; odeur alliacée, chauffé au rouge. L'Arsenic se sublime, se volatilise sans passer par l'état liquide. Il se condense en petits cristaux qui sont brillants. L'Arsenic sublimé reprend sa couleur dans l'eau de chlore. L'Arsenic n'est pas vénéneux, c'est l'acide Arsénieux qui est un si violent poison	On l'obtient fondu en le chauffant dans un tube scellé à la lampe.	Beaucoup d'affinité pour l'Oxygène. Brûle spontanément dans le chlore ainsi que le Ph. Il se forme du chlorure d'As. En faisant passer sur un morceau de porcelaine blanche, la flamme d'un mélange d'HCl et de Zn, il ne se dépose rien et la porcelaine reste blanche; dès qu'on y ajoute un grain d'Arsenic la flamme devient livide et dépose une tache noire sur la porcelaine (App. de Marsh). L'Antimoine produit la même tache, on reconnaît celle produite par l'acide Azotique. L'Arsenic donne avec un sel d'argent un précipité rouge brique, l'Antimoine aurait donné de l'acide antimonique insoluble.

Densité = 13,85 — Acide Arsénieux

Solide blanc, saveur âcre excitant la salivation. Dimorphe, cristallisé à la temp. ord. il donne des cristaux octaédriques, et se solidifie en prismes droits à base rhombe. Quand on fait arriver la vapeur sur une surface chauffée au-dessus de 100°, il se forme une matière vitreuse, cette mat. à la longue se change en une masse qui a l'aspect de la porcelaine. Poison très violent, on emploie la magnésie ou l'hydrate de sesquioxyde de fer comme contre-poison	Chauffé dans un tube fermé il se liquéfie; dans un tube ouvert, il se volatilise. Soluble dans l'eau en petite quantité. Très soluble dans l'acide HCl et dans la glycérine.	Chauffé avec du Charbon dans un tube de verre, il se décompose, il se forme de l'acide Carbonique et l'Arsenic se sublime à l'extrémité du tube: $2AsO^3 + 3C = 3CO^2 + As$. L'hydrogène à l'état naissant décompose AsO^3 et donne: $AsO^3 + 6H = AsH^3 + 3HO$; à l'état naissant: $AsO^3 + 3H = As + 3HO$. Chauffé avec de l'acide Azotique ou de l'eau régale se change en acide Arsénique AsO^5. En dissolution dans l'eau ou dans HCl donne avec HS un précipité jaune. Saturé par un alcali donne un précipité blanc jaunâtre dans les sels d'Argent. Avec les sels de Cuivre donne un précipité vert. Colore en rouge vineux la teinture de tournesol.

Symbole = As — Equiv. en poids = 75 — en Vol = 1

ANALYSE Synthèse composition.	PRÉPARATIONS et purification	USAGES	ETAT naturel
	On retire l'Arsenic du Mispickel qui a pour formule $FeAs + FeS^2 = 2FeS + As$. L'Arsenic chauffé se sublime dans des cornues.	Sert pour les empoisonnements d'animaux	Se trouve quelquefois à l'état natif. Arsenic de Ste Marie aux Mines. Mais le plus souvent sous une forme arsenicale

AsO^3 — En poids = 99 — en vol. 1

On peut déterminer sa composition en cherchant de combien s'est augmenté l'As qui a passé à l'état d'acide Arsénieux. On trouve en poids $As = 75.76$, $O = 24.24$, 100.	On l'obtient par le grillage du sulfo-arséniure de nickel ou de cobalt. Le minerai chauffé dans une cornue légèrement inclinée est oxydé par l'air qui entraîne l'acide arsénieux lequel se condense dans des chambres froides.	Employé en médecine, pour combattre l'asthme, il facilite la respiration; utilisé dans la fabrication industrielle des verts (Vert de Scheele, Vert de Schweinfurt)	Décomposition des minerais arsenifères, c'est à leur décomposition qu'on doit la présence de cette poudre blanche.

Acide Arsenique — AsO^5 — Equiv. en poids = 1,15

PROPRIÉTÉS PHYSIQUES: odeur, couleur, saveur, action sur l'économie animale	SOLUBILITÉ, liquéfaction	PROPRIÉTÉS CHIMIQUES, action de la chaleur, de la lumière, de l'électricité, des métalloïdes et des métaux.	ANALYSE Synthèse composition.	PRÉPARATIONS et purification	USAGES	ETAT naturel
Existe anhydre et hydraté Anhydre. – Solide blanc fond au rouge. Hydraté. – forme plusieurs hydrates. AsO^5, HO; $2HO$, $3HO$, $4HO$. AsO^5, HO. – masse nacrée d'un blanc éclatant, 7,3 % d'eau $AsO^5, 2HO$. – cristaux durs, brillants, adhérant fortement les uns aux autres 13,5 % $AsO^5, 3HO$. – Aiguilles très fines 19 % d'eau. Poison plus violent encore que l'acide Arsenieux	Fond à la chaleur rouge et une partie se volatilise sans altération. Très soluble dans l'eau et même déliquescent.	Les acides hydratés chauffés au rouge donnent l'acide anhydre. Le Charbon et l'Hydrogène réduisent l'acide Arsénique L'acide Sulfureux le ramène à l'état d'acide arsenieux. L'acide Sulfhydrique le décompose et il se forme un Sulfure d'Arsenic. AsS^5 Il existe une grande analogie entre les hydrates d'acide Arsenique et les différents acides phosphoriques. Les sels de l'acide phosphorique ordinaire et de l'acide arsenique à 3 equiv. d'eau sont isomorphes, et se rencontrent souvent dans la nature. L'acide arsénique après avoir été saturé par un alcali est précipité en rouge brique par l'Azotate d'argent.	On traite l'acide Arsenieux par l'acide Azotique. Il passe à l'état d'acide Arsenique on ajoute un excès d'Oxyde de Plomb. Il se forme un mélange d'Oxyde de Plomb et d'Arséniate de Plomb. Connaissant exactement d'après les données les poids de l'acide Arsenieux et de l'oxyde de Plomb, on connaît la quantité d'O qu'il a fallu pour oxyder l'acide Arsenieux, on trouve en poids | 65.20 34.80 100. "	S'obtient en faisant chauffer dans une cornue de l'Arsenic ou de l'acide Arsenieux et de l'acide Azotique en additionnant de l'acide HCl,	Employé dans la fabrication des couleurs d'aniline; et pour enlever les dessins blancs sur les étoffes, impressions.	

Arseniure d'Hydrogène — Densité = 2,695 — AsH^3 en poids = 78 en vol. = 1

PROPRIÉTÉS PHYSIQUES	SOLUBILITÉ	PROPRIÉTÉS CHIMIQUES	ANALYSE	PRÉPARATIONS	USAGES	ETAT naturel
Gaz incolore, d'odeur alliacée, complètement neutre, très-vénéneux	L'eau en dissout 1/5 de son volume. Se liquéfie à –40° Soluble dans l'essence de Thérébentine	La chaleur le décompose en hydrogène et Arsenic. C'est sur cette propriété qu'est fondé l'appareil de Marsh. L'électricité opère le même dédoublement. Brûle au contact d'un excès d'air, avec une flamme livide et donne de l'eau et de l'acide Arsenieux $AsH^3 + 6O = AsO^3 + 3HO$ Le Chlore, le Brome et l'Iode décomposent AsH^3, en s'emparant de son Hydrog. Le Soufre, le Phosphore, l'Etain, le Potassium, le décomposent à l'aide de la chaleur, se combinent avec l'Arsenic et mettent l'Hydrogène en liberté. Réduit plusieurs sels métalliques, principalement les sels d'argent Absorbé par le Sulfate de Cuivre; les alcalis ne l'absorbent pas	On l'analyse en chauffant un vol. connu de ce gaz, avec un métal qui se combine à As et laisse H libre. On obtient de cette façon 1 vol de vap. d'Arsenic 6 vol. de Hydrogène en poids As | 96,15 H | 3.85 100. "	S'obtient 1° En traitant un alliage d'As et de Zn par HCl $AsZn^3 + 3HCl = 3ZnCl + AsH^3$ 2° En traitant le même alliage par l'acide SO^3, HO, on a $AsZn^3 + 3SO^3, HO = 3(ZnO, SO^3) + AsH^3$ On chauffe dans un ballon et on recueille sur le Mercure.		

 Densite = 2,44

Chlore

PROPRIÉTÉS PHYSIQUES: odeur, couleur, saveur, action sur l'économie animale	SOLUBILITÉ, liquéfaction	PROPRIÉTÉS CHIMIQUES: action de la chaleur, de la lumière, de l'électricité, des métalloïdes et des métaux.
Gaz, jaune verdâtre, odeur forte & suffocante. Corps le plus électro-négatif après l'Oxygène, aussi ne forme-t-il que des composés peu stables avec lui. Le Chlore est impropre à la respiration, & de plus il est délétère. Le Chlore liquide est d'un jaune verdâtre, d'une grande tension de vapeur. La densité est 1.33.	À 8° L'eau en dissout environ 3 fois son volume, à 0° elle n'en dissout que cinq fois son vol. C'est à 8° qu'est le maximum de solubilité. Il se liquéfie à l'aide de l'hydrate de chlore ($Cl + 10HO$) qu'on met dans un tube recourbé chauffé à 35° d'un côté & refroidi de l'autre. On n'a pas encore pu le solidifier.	Affinité relativement faible pour l'Oxygène. Sa plus grande affinité est pour l'Hydrogène; la combinaison s'effectue à l'aide de la lumière & se produit avec forte détonation. Le Cl. enlève l'H à toutes ses combinaisons. Le Cl décompose l'eau au rouge. Il doit jouer une action oxydante, puisqu'il décompose l'eau et qu'il met l'oxygène en liberté. Il détruit & attaque presque tous les corps contenant de l'H; Cl. peut se substituer à l'H. (C^4H^4 & C^4Cl^4) Le Cl. se combine avec l'Azote & donne $AzCl^3$ corps détonant. Détruit l'Ammoniaque. Le Ph. s'enflamme spontanément dans du Cl et donne du perchlorure solide de Ph. ou perchlorure liquide de Ph. Avec le soufre il donne S^2Cl ou SCl L'Arsenic et Antimoine projetés en poudre dans le chlore, y brûlent en jetant des feux & donnent $AsCl^3$ $SbCl^3$. Attaque le Bore & le Silicium, en chauffant. Presque tous les métaux sont attaqués par le chlore. K. s'y enflamme spontanément. Le Cuivre chauffé au rouge sombre y brûle. Le Mercure y est attaqué. L'Or & le Platine donnent Au^2Cl^3 & $PtCl^2$. Il détruit les Oxydes & forme des chlorures & met l'O en liberté: $CuO + Cl = CuCl + O$ Sur un alcali étendu: $2Cl + 2KO = KCl + KO,ClO$ $6Cl + 6KO = 5KCl + KO,ClO^5$ Avec la chaux: $2Cl + 2CaO = CaCl + CaO,ClO$.

Acide Hypochloreux

Liquide rouge vermeil, odeur pénétrante, bout à 20°. Sa vapeur est jaune & a pour densité 2.977	L'eau dissout 200 fois son vol. de vapeur d'acide ClO.	L'acide ClO anhydre est facilement décomposé par la chaleur, l'électricité & les rayons lumineux. Sa dissolution est un oxydant énergique. Décolore rapidement la teinture de tournesol. Décomposable par As, Ph, Sb, C, & certains gaz comme H, AzH^3, PhH^3. Comparable par ses propriétés à l'eau oxygénée.

Symbole Cl en poids = 35,5 en vol. 2

ANALYSE Synthèse composition.	PRÉPARATIONS et purification	USAGES	ÉTAT naturel
	1° Procédé de Scheele, à l'aide de MnO^2 & de HCl $MnO^2 + 2HCl = MnCl + 2HO + Cl$. On recueille le gaz dans un flacon plein d'eau & le sèche dans un flacon plein de chlorure de calcium. 2° Procédé de Berthollet, à l'aide de MnO^2, du chlorure de sodium & de l'acide HCl $MnO^2 + NaCl + 2SO^3,HO = NaO,SO^3 + MnO,SO^3 + 2HO + Cl$. On l'obtient en dissolution dans l'appareil de Woulf.	Sert dans le blanchiment des toiles. En décomposant HS, peut ranimer plusieurs personnes asphyxiées par ce gaz. Employé pour détruire les miasmes en présence des épidémies. Détruit les couleurs, l'indigo & le tournesol, efface l'écriture	Se trouve dans les eaux naturelles, combiné avec d'autres corps surtout à l'état de NaCl.

ClO .Equiv. en poids = 43,5 en vol. 4

ClO est formé de 1 vol de chlore & de 1/2 vol d'Oxygène en poids: Cl = 81.60 O = 18.40 100,00	On le prépare en introduisant de l'oxyde rouge de Mercure dans des flacons pleins de chlore $2Cl + HgO = HgCl + ClO$.	On s'en sert pour reblanchir les peintures noircies par le temps. Il change le sulfure de plomb noir en sulfate blanc.	

Densité = 2,646 — **Acide Chloreux** — ClO^3 Equiv. en poids = 59,5

PROPRIÉTÉS PHYSIQUES: odeur, couleur, saveur, action sur l'économie animale	SOLUBILITÉ, liquéfaction	PROPRIÉTÉS CHIMIQUES: action de la chaleur, de la lumière, de l'électricité, des métalloïdes et des métaux	ANALYSE Synthèse composition.	PRÉPARATIONS et purification	USAGES	ETAT naturel
Gaz jaune, odeur de chlore. Pouvoir colorant très intense, colore sa dissolution en jaune.	L'eau dissout 5 vol. de ClO^3 à la temp. ordinaire. Se liquéfie dans un mélange de ClO^3 liquide et d'éther	Se décompose avec explosion à +57°. $3ClO^3 = ClO^5 + 2O + 2Cl$. La plupart des métalloïdes sont attaqués par l'acide chloreux. Se combine avec les bases et donne des sels bien cristallisés.	On l'a décomposé en analysant le chlorite d'Ag qui se transforme en chlorure par l'action de l'acide HCl faible.	En désoxydant l'acide chlorique à l'aide du bioxyde d'azote. $5ClO^5\ 2AzO^3 = 3ClO^3 + 2AzO^5$. On emploie ordinairement AsO^3 et KO,ClO^5. $KO,ClO^5 + AsO^3 + AzO^5,HO = KO,AsO^5 + AzO^5,HO + ClO^3$.		
Acide Hypochlorique — ClO^4 Equiv. en poids = 67,5 en vol. 4						
Liquide rouge foncé qui bout vers 20° en donnant une vapeur jaune verdâtre dont la densité est 2,315; saveur astringente.	L'eau à 4° absorbe 20 fois son vol. de ClO^4 et se colore en jaune verdâtre. Se solidifie en cristaux rouge orangé avec la vapeur de l'acide ClO^4 liquide et d'éther	Détone spontanément à une température très peu élevée. Détruit le tournesol sans le rougir. Le Phosphore, le soufre et l'acide HCl le décomposent avec détonation. L'acide ClO^4 donne avec les bases un chlorite et un chlorate comme l'acide hypoazotique.	Sa composition trouvée par Gay-Lussac est Cl = 52,46, O = 47,54.	Se prépare en chauffant le chlorate. $3(KO,ClO^5) + 4(SO^3HO) = KO,ClO^7 + 2(KO,HO,2SO^3) + 2HO + 2ClO^4$. On fait chauffer le mélange au bain-marie à 30°.		
Acide Chlorique — ClO^5, HO. Equiv. en poids = 84,5						
Ne peut pas exister anhydre. Il lui faut au moins un équiv. d'eau. Liquide jaune sans odeur, fortement acide.	Très soluble dans l'eau en toute proportion.	Une faible élévation de température le décompose en eau, acide perchlorique et oxygène. Il possède donc des propriétés oxydantes. SO^2 devient SO^3,HO; l'acide HS donne de l'eau et du soufre. Décolore le tournesol, enflamme le papier, le bois.	KO,ClO^5 chauffé donne KCl + O. 100 parties donnent 60,84 de KCl, 39,16 d'O. On en conclut que ClO^5 en poids contient Cl = 46,99, O = 53,01.	On verse goutte à goutte de l'acide SO^3,HO sur du chlorate de baryte jusqu'à ce qu'il ne se forme plus de précipité. $BaO,ClO^5 + SO^3,HO = BaO,SO^3 + ClO^5,HO$		
Acide perchlorique — ClO^7, HO						
Anhydre il est solide et cristallisé, très soluble dans l'eau, très acide, inodore.	Très soluble dans l'eau	Se décompose lentement à la température ordinaire. La lumière ne décompose pas le ClO^7. Il est très avide d'eau; versé dans ce liquide il y produit le bruit d'un fer rouge. Il se décompose avec explosion au contact du charbon pulvérulent ou du papier. Il distille avec décomposition partielle et même avec explosion. Il ne décolore pas le tournesol. Il est donc bien plus stable que l'acide ClO^5; n'est décomposé ni par SO^2 ni par HS.	Son analyse est basée sur la même façon que celle de l'acide ClO^5. On trouve comme composition en poids Cl = 38,77, O = 61,23.	S'obtient en exposant à la lumière solaire un composé de chlore et d'O moins oxygéné que l'acide ClO^7, l'acide chlorique par exemple. $3ClO^5 = 2ClO^4 + ClO^7$. Peut être préparé de la même façon que l'acide ClO^5. On chauffe dans une cornue du perchlorate de potasse avec quatre fois son poids d'acide sulfurique concentré; on obtient ainsi ClO^7.		

PROPRIÉTÉS PHYSIQUES: odeur, couleur, saveur, action sur l'économie animale	SOLUBILITÉ, liquéfaction	PROPRIÉTÉS CHIMIQUES: action de la chaleur, de la lumière, de l'électricité, des métalloïdes et des métaux.
Gaz incolore, odeur piquante, saveur acide Répand à l'air des fumées blanches	Très soluble dans l'eau, qui en dissout 464 fois son volume. Liquéfié par Faraday à −80° sous la pression ordinaire et à 10° sous la pression de 40 atmosphères. Liquide incolore de densité 1,27. N'a pas été encore solidifié	Corps très stable, difficilement attaqué par la chaleur. L'électricité ne le décompose pas non plus. L'acide chlorhydrique ne se décompose pas mais se dissocie sous l'influence de la chaleur et donne du Cl et de l'H en quantités croissant avec la température. Forme plusieurs hydrates avec l'eau $HCl + 6HO$, $HCl + 12HO$, $HCl + 16HO$. Les métalloïdes n'ont pas d'action sur HCl. Tous les métaux qui décomposent l'eau décomposent aussi l'acide HCl. Et dans le même ordre croissant de température. Les métaux alcalins sont attaqués à froid et il se dégage toujours de l'Hydrogène et il se forme un chlorure métallique. Avec les oxydes donne généralement de l'eau et un chlorure $KO + HCl = KCl + HO$ Avec les oxydes singuliers on obtient généralement du chlore de l'eau et un chlorure $MnO^2 + HCl = MnCl + 2HO + Cl$. Les fumées qu'il répand sont dues à ce qu'il forme avec la vapeur d'eau un composé de force élastique plus faible que lui et qui se condense sous forme de brouillards. Acide très corrosif, rougit fortement le tournesol. On reconnaît sa présence en petite quantité par l'Azotate d'Argent
		EAU RÉGALE
L'eau régale est un mélange d'acides chlorhydrique et azotique dans la proportion d'une partie d'AzO^5 et 4 parties d'acide HCl		L'eau régale peut dissoudre l'or et le platine inattaquables par les acides séparés. On met de l'or dans un flacon plein d'HCl et dans un flacon d'AzO^5, il n'y a pas d'action mais si l'on verse les 2 liquides ensemble l'or disparaît

ANALYSE Synthèse composition.	PRÉPARATIONS et purification	USAGES	ÉTAT naturel
On chauffe dans une cloche courbe un morceau de Potassium. Il reste 2 vol. d'Hydrogène et le chlore a formé un chlorure avec le Potassium. Synthèse. — 2 flacons de même capacité pleins l'un de chlore l'autre d'Hydrogène exposés à la lumière. Il se forme de l'acide HCl; le vol n'a pas changé. Donc même vol de chlore et d'H s'unissent pour faire HCl. L'analyse et la synthèse prouvent qu'il y a même vol des 2 corps. En poids on a Cl = 97,25 H = 2,75 100,0	Se prépare à l'aide du sel marin et de l'acide sulfurique monohydraté $NaCl + SO^3,HO = NaO,SO^3 + HCl$. Il faut que le sel soit mis dans le ballon en grains, car en poudre il se produirait un boursouflement. On recueille sur le mercure. On obtient sa dissolution à l'aide de l'appareil de Woulf. Dans l'industrie la dissolution s'obtient à l'aide de bonbonnes de grès pleines d'eau. Contient comme impuretés de l'acide sulfureux et l'acide SO^3 entraîné; on ajoute du bioxyde de manganèse qui le transforme en acide sulfurique. On emploie alors le chlorure de Baryum BaCl, qui forme avec l'acide sulfurique du sulfate de baryte	Son plus grand emploi consiste dans la fabrication du chlore et des hypochlorites décolorants. Dans la préparation de l'Ammoniaque, des chlorures d'étain, et en général pour obtenir des acides plus volatils que lui	
1 partie d'AzO^5 à 35° Baumé et 4 parties d'acide HCl à 22°.			

Densité = 2,97 — Brôme

PROPRIÉTÉS PHYSIQUES : odeur, couleur, saveur, action sur l'économie animale	SOLUBILITÉ, liquéfaction	PROPRIÉTÉS CHIMIQUES : action de la chaleur, de la lumière, de l'électricité, des métalloïdes et des métaux.
Liquide rouge brun, d'odeur irritante et désagréable. Bout à 63°. Très vénéneux, de saveur repoussante.	A 15°, 33 volumes d'eau dissolvent seulement 1 volume de Brôme. Se dissout en très grandes quantités dans le chloroforme, l'éther, le sulfure de carbone, qu'il colore en rouge. Se volatilise très facilement. Se solidifie à −22° en lamelles cristallines.	L'Oxygène se combine plus facilement avec le Brôme qu'avec le Chlore, mais ses composés sont moins nombreux que ceux du Chlore et plus stables. L'Hydrogène a une certaine affinité pour le Brôme, mais cette affinité est moins forte que pour le chlore. Le Brôme décompose l'eau au rouge pour lui prendre son Hydrogène. Sa dissolution se détruit comme celle du Chlore sous l'influence des rayons solaires. Les propriétés du Brôme sont analogues à celles du chlore : les bromures sont isomorphes des chlorures correspondants. Se rencontrent souvent ensemble dans la nature. Le Phosphore, l'Arsenic, l'Antimoine et le Potassium brûlent dans un flacon plein de vapeurs de Brôme mais avec moins de vivacité que dans le chlore.

Symbole = Br — Equiv. en poids = 80 — en vol. = 2

ANALYSE Synthèse composition.	PRÉPARATIONS et purification	USAGES	ETAT naturel
	On obtient le Brôme de la même façon que le chlore, à l'aide du bioxyde de Manganèse, de l'acide sulfurique et du Bromure de Potassium. $KBr + MnO^2 + 2SO^3,HO = MnO,SO^3 + MnO,SO^3 + Br$. Dans une cornue chauffée au bain de sable, la décomposition se fait. Le Brôme vient se condenser dans un réfrigérant, lequel contient de l'acide SO^3,HO, qui surnage sur le Brôme et empêche son évaporation. On retire aussi les Bromures des varechs et fucus par le procédé de Balard.	Employé en photographie avec l'iode, en médecine.	Il existe dans les eaux de la mer. Les eaux mères des marais salants en contiennent. Existe à l'état de bromure dans les mines de chlorure d'argent du Pérou.

Densité = 2,798 — Acide Bromhydrique — HBr

PROPRIÉTÉS PHYSIQUES	SOLUBILITÉ, liquéfaction	PROPRIÉTÉS CHIMIQUES	ANALYSE Synthèse composition	PRÉPARATIONS et purification	USAGES	ETAT naturel
Gaz incolore, odeur vive et piquante ; saveur acide ; donne des fumées blanches au contact de l'air.	Soluble dans l'eau comme l'acide HCl. Sa dissolution aqueuse a pour densité 1.3. Il se liquéfie à −70° et se solidifie à −73°.	N'est pas décomposé par la chaleur. Le chlore le décompose à froid ; il se forme de l'acide HCl et le Brôme, libre, colore la dissolution en jaune orangé. Le Potassium le décompose en mettant en liberté l'Hydrogène. Le Mercure décompose l'acide bromhydrique, met l'Hydrogène en liberté et donne un bromure de Mercure. Enfin à l'air HBr en dissolution prend une teinte brune. C'est l'O de l'air qui s'unit à l'Hydrogène de HBr, le Brôme devenu libre colore la dissolution en brun. Les acides AzO^5,HO et HBr forment un mélange qui dissout l'or.	Dans une cloche courbe on introduit un vol. connu de HBr et un fragment de potassium, on chauffe, il absorbe 1 vol. de Br. Le vol. diminue de moitié et reste de l'H. Si de la densité de HBr on retranche la demi-densité de l'H, on trouve la ½ dens. de Br. Donc 1 vol. HBr = ½ vol. H + ½ vol. Br. En poids : Br = 98.76, H = 1.24	Se prépare en faisant d'abord agir le Brôme sur le Ph, il se forme un bromure de phosphore $PhBr^3$. On décompose alors ce protobromure à l'aide de l'eau et on obtient de l'acide Bromhydrique et de l'acide phosphoreux. $PhBr^3 + 6HO = PhO^3,3HO + 3HBr$		

 Densité = 4,918 **Iode** Equiv. en poids = 127 Equiv. en vol. = 2 vol.

PROPRIÉTÉS PHYSIQUES: odeur, couleur, saveur, action sur l'économie animale	SOLUBILITÉ, liquéfaction	PROPRIÉTÉS CHIMIQUES: action de la chaleur, de la lumière, de l'électricité, des métalloïdes et des métaux.	ANALYSE Synthèse composition.	PRÉPARATIONS et purification	USAGES	ÉTAT naturel
Solide gris, odeur semblable à celle du Chlore et du Brome. Fond à 107° et bout à 175° en donnant une belle vapeur violette. La densité de cette vapeur est 8.716 Très dangereux à respirer, détruisant les tissus et cause des crachements de sang.	Peu soluble dans l'eau, qui en dissout $\frac{1}{7000}$ de son volume. Se colore en jaune. Se dissout bien dans l'alcool, le chloroforme et l'éther qui prennent une couleur violacée. Se dissout dans HIo.	L'Iode a une affinité plus grande pour l'oxygène que le Chl. et le Brome, et il ne forme que peu de composés mais ils sont beaucoup plus stables et l'acide Iodique est beaucoup plus stable que l'acide chlorique. Son action sur l'Hydrogène est moindre que celles du Chlore et du Brome. Leur combinaison exige pour s'effectuer la chaleur et l'action catalytique de la mousse de platine. L'Iode est déplacé de ses combinaisons par le Chlore et le Brome. Se comporte comme le Chlore et le Brome vis-à-vis des métaux. Les Iodures sont isomorphes avec les chlorures et les bromures et se trouvent presque toujours ensemble. Le Phosphore et l'Arsenic brûlent dans la vapeur d'Iode comme dans le chlore et dans la vapeur de Brome. L'Iode étant dissous en très petite quantité dans l'eau donne à sa dissolution une coloration bleue quand on y met de l'amidon.		On l'extrait des eaux-mères des cendres de varechs ou des eaux-mères du nitrate de soude. On le traite à l'état d'Iodure alcalin $2(SO^3.HO) + KIo + MnO^2 = KO.SO^3 + MnO.SO^3 + Io$. On l'obtient cristallisé en le distillant dans des cornues de grès et le sublimé se condense en cristaux dans des récipients aussi en grès.	La photographie emploie une grande quantité d'Iode sous forme de KI. Il est employé également en médecine.	Existe dans la nature à l'état d'Iodure dans les fucus et les varechs marins; à l'état d'iodure d'argent au Mexique etc. etc. —
Densité = 4,445 **Acide Iodhydrique**			HIo en poids = 1,28 en vol. = 4			
Gaz incolore, répand à l'air d'abondantes fumées.	Très soluble dans l'eau, forme un hydrate de formule $Io, + 11HO$. Cette dissolution se décompose immédiatement à l'air. Se liquéfie facilement, se solidifie près du point de congélation.	Se décompose sous l'influence de la chaleur, les quantités de gaz qu'on obtient décomposées augmentent avec la température. Décomposé par le Chlore et le Brome qui lui prennent son Hydrogène. Décomposé par les métaux qui lui prennent l'Iode. Décomposé par les oxacides minéraux. Les acides AzO^5,HO, SO^3, SO^3,HO, le protoxyde d'azote décomposent l'acide HIo et lui prennent son Iode.	On ne peut par analyse traiter HIo, car il attaque le mercure et se dissout dans l'eau, mais par analogie avec HCl et HBr on admet que la composition de HIo est ½ vol. d'H + ½ vol. d'Io. Vérifions: Io 99,22 H 0,78 100 "	On prépare communément l'Iodure de Phosphore PhI^3 qu'on décompose par l'eau. $PhI^3 + 6HO = PhO^3,3HO + 3HI$. Ou bien en faisant arriver de l'HS dans de l'eau contenant en suspension de l'Iode. $HS + Io = HIo + S$. On filtre pour le séparer du soufre.		

Bore Symbole Bo

Equiv. en poids = 11 en vol. = 1

PROPRIÉTÉS PHYSIQUES : odeur, couleur, saveur, action sur l'économie animale	SOLUBILITÉ, liquéfaction	PROPRIÉTÉS CHIMIQUES : action de la chaleur, de la lumière, de l'électricité, des métalloïdes et des métaux.	ANALYSE Synthèse composition.	PRÉPARATIONS et purification	USAGES	ÉTAT naturel
Le Bore peut se présenter sous les 3 états comme le Carbone : Amorphe, Graphité et Adamantin. Amorphe. – Corps solide pulvérulent d'un brun foncé un peu verdâtre, infusible. Graphité. – Il est demi-métallique, opaque. Cristallin. – Quelquefois incolore, mais ordinairement coloré en jaune ou en rouge grenat. Sa densité est 2,68. Il réfracte aussi bien la lumière que le diamant et cristallise comme lui dans le système cubique.	Soluble à l'état amorphe dans un métal en fusion, l'aluminium. Soluble aussi dans l'eau qu'il teint en jaune. Insoluble dans l'alcool et les huiles essentielles. À l'état graphitoïde insoluble dans les acides et les alcalis.	Bore amorphe. – Beaucoup d'affinité pour l'O. Chauffé à 300° brûle avec vivacité. Infusible à toutes températures de nos fourneaux. – Grande affinité pour l'Azote, forme l'Azoture de Bore. L'acide Azotique l'oxyde et forme de l'acide Borique. Il réduit par conséquent la plupart des oxydes ou des sels métalliques. Bore graphité. – Chauffé au rouge au contact de l'air ne s'enflamme pas comme le Bore amorphe. – L'action de l'acide Azotique paraît se produire quoique plus lentement que pour le Bore amorphe et il se forme de l'acide Borique. Le Bore adamantin chauffé à la plus haute température qu'on puisse avoir est infusible. Il forme avec le chlore une combinaison, s'enflamme et forme du chlorure de Bore gazeux.		On fait réagir du Potassium sur de l'acide Borique dans des creusets de platine. $4BoO^3 + 3K = 3(KO, BoO^3) + Bo$. On recueille ainsi du Bore amorphe. En maintenant pendant 4 à 5 heures à 1300°, 10 parties d'acide Borique avec 8 d'aluminium, il se forme dans la masse des cristaux de Bore adamantin.		
Se présente en cristaux lamelleux, incolores, d'une saveur faible. Chauffé au rouge sombre, il perd peu à peu son eau et devient anhydre, et prend en se refroidissant une masse vitreuse.	100 parties d'eau dissolvent 4 parties d'acide Borique à 100°. BoO^3 est donc peu soluble.	La fixité de BoO^3 va en augmentant avec la température. Les métalloïdes n'ont pas d'action sur l'acide BoO^3, mais l'action combinée du chlore et du carbone le décompose en donnant du chlorure de Bore et de l'acide CO^2. Les métaux décomposent l'acide BoO^3 en donnant du Bore amorphe. Sa dissolution colore en rouge vineux le tournesol à froid. À chaud elle le colore en rouge pelure d'oignon, la réaction est beaucoup plus accusée. Une dissolution alcoolique d'acide Borique brûle avec une flamme verte.	On peut connaître la quantité d'O contenue dans BoO^3 en calculant le poids dont est augmenté un poids connu de Bore qui passe à l'état d'acide Borique quand il brûle dans l'air ou bien en oxydant un poids connu de Bore par l'acide Azotique. On trouve : B = 31.22, O = 68.78, 100.	On peut extraire du Borate de soude par l'acide chlorhydrique. Mais la plus grande partie vient des sources naturelles de BoO^3 en Italie. On fait évaporer sa dissolution et on le purifie ensuite.	Employé à la fabrication du borax. Employé par Ebelmen pour obtenir cristallisées certaines pierres précieuses.	

Silicium

PROPRIÉTÉS PHYSIQUES : odeur, couleur, saveur, action sur l'économie animale	SOLUBILITÉ, liquéfaction	PROPRIÉTÉS CHIMIQUES : action de la chaleur, de la lumière, de l'électricité, des métalloïdes et des métaux.
S'état comme le Bore. Amorphe. — poudre brune conduisant mal la chaleur et l'électricité. Chauffé avec du NaCl, se transforme en silicium graphitoïde, fusé, cristallisé. Graphite. — En lamelles hexagonales qui de plus conduisent bien la chaleur et l'électricité comme le graphite ordinaire auquel il ressemble. Adamantin — Cristallin en octaèdres réguliers qui brillent avec éclat métallique; de densité 2.49. Il fond vers 1200°, il est moins dur que le diamant et que le bore cristallisé	Se dissout dans l'acide fluorhydrique	Le silicium amorphe brûle au contact de l'air en dégageant une chaleur considérable. Le silicium s'oxyde quand on le chauffe avec un hydrate alcalin, il se forme un silicate et il se dégage de l'hydrogène. Le chlore l'attaque et forme un chlorure de silicium. L'acide chlorhydrique donne le même résultat. Le silicium graphitoïde et cristallisé, résistant à tous les acides sauf à l'eau régale formée d'un mélange d'acide azotique et d'acide fluorhydrique. Le silicium se combine à l'hydrogène et donne un gaz particulier l'hydrogène silicié.
Acide Silicique		
L'acide silicique, ou simplement silice, anhydre est un corps dur qui raye le verre. Il fond au chalumeau et forme du verre limpide de densité 2.2. La silice amorphe et anhydre est une poudre blanche, insoluble dans l'eau et qui se calcine. Il se fond au chalumeau	La silice gélatineuse est légèrement soluble dans l'eau et dans les acides étendus	Les métalloïdes n'attaquent pas la silice pourtant si on fait passer un courant de chlore sur de la silice mélangée de carbone, le chlore s'empare du silicium $SiO^2 + 2Cl + 2C = SiCl^2 + 2CO$ L'acide fluorhydrique attaque l'acide silicique $SiO^2 + 2HFl = SiFl^2 + 2HO$ Les silicates sont convertibles en verre. Les métaux alcalins décomposent la silice, il se forme du silicium et un oxyde qui se dissout dans l'excès de silice

Symbole Si Equiv. en poids = 14 en vol. = 1

ANALYSE Synthèse composition.	PRÉPARATIONS et purification	USAGES	ETAT naturel
	Le silicium s'obtient en réduisant un de ses composés par un métal qui s'empare du métalloïde combiné au silicium. Il reste alors sous l'un des trois états. Quand le métal réducteur reste uni à lui on obtient le silicium amorphe. Quand le métal le dissout et ne s'en empare qu'à basse température c'est alors le silicium graphitoïde. Quand il se sépare lentement à une température élevée du métal qui l'avait dissous on l'obtient alors à l'état cristallisé		Accompagne presque toujours la fonte
SiO^2 Equiv. en poids = 30			
	On peut préparer l'acide silicique en mettant de l'acide chlorhydrique dans un silicate dissous	Employé dans la fabrication des verres d'optique. Couramment en usage comme grès, sable, gravier etc, dans les constructions	Une des substances les plus répandues dans la nature à l'état de quartz, sables, grès, silex, cailloux, pierres meulières etc, etc

Densité = 1,86 Cyanogène — C^2Az Equiv. en poids = 26 en vol. 2

PROPRIÉTÉS PHYSIQUES : odeur, couleur, saveur, action sur l'économie animale	SOLUBILITÉ liquéfaction	PROPRIÉTÉS CHIMIQUES : action de la chaleur, de la lumière, de l'électricité, des métalloïdes et des métaux.	ANALYSE Synthèse, composition.	PRÉPARATIONS et purification	USAGES	ÉTAT naturel
Gaz incolore, odeur vive et pénétrante, il affecte vivement les yeux. On le connaît sous les 3 états. Le Cyanogène liquide a pour densité 0.86. Il se solidifie et fond à -34°	L'eau dissout 4 fois son vol de Cyanogène et l'alcool en dissout 25 fois son volume. Se liquéfie à -20° sous la pression ord. à l'aide du Cyanure de Mercure qui se décompose dans un tube recourbé. Solidifiable	Maintenu en vase clos à la température de 330°, devient paracyanogène. Décomposé en Azote et Carbone par les étincelles électriques. Combustible brûle avec une flamme rouge et verte sur les bords et donne $C^2Az + 4O = Az + 2CO^2$ Peu d'affinité pour l'Oxygène forme cependant 3 acides oxygénés. CyO, Cy^2O^2, Cy^3O^3. Affinité très marquée pour l'Hydrogène forme avec lui l'acide Cyanhydrique. Se rapproche donc du Chlore, du Brome et de l'Iode. Le Cyanogène se conduit du reste comme un corps simple, il joue le rôle de radical, on le désigne par Cy. Les dissolutions alcalines l'absorbent rapidement	On mélange 2 vol. de Cy et 5 d'O. dans l'Eudiomètre. L'étincelle forme de l'acide AzO^5. Le vol. n'a pas changé. Une dissolution de potasse en absorbe 4 vol. de CO^2. Le phosphore absorbe 1 vol. d'O, et il reste 2 vol. d'Azote. Comme d'ailleurs 2 vol CO^2 renferment 2 vol de vap. de C, 2 vol. de Cy sont formés de 2 vol. de vap. de C et de 2 vol. d'Az. contractés en 2 vol. en poids : C = 46.15 Az = 53.85 100	On l'extrait du Cyanure de Mercure. On chauffe ce corps à 300° dans une cornue de verre et on recueille sur le Mercure. $HgCy = Hg + Cy$ Il se produit dans le fond de la cornue du paracyanogène ; c'est une poudre brune ; ce corps redevient cyanogène quand on le chauffe. Ce changement peut se comparer à celui du phosphore.	Employé dans la fabrication du bleu de Prusse	N'est pas connu à l'état libre.

Densité = 0,65 Acide Cyanhydrique — HCy Equiv. en poids = 27 en vol. = 4

Liquide incolore, odeur caractéristique. Se solidifie à -15° et bout à 26° Le plus violent de tous les poisons. On le combat avec l'Ammoniaque ou le chlore à petite dose.	Très soluble dans l'eau	Il est très stable quand il est pur. Combustible, brûle au contact de l'air donne une flamme violacée $HC^2Az + 5O = HO + 2CO^2 + Az$ Le Chlore le décompose et donne HCl. Les métaux alcalins chauffés avec HCy donnent un cyanure et dégagent de l'H. Les oxydes des bases donnent un cyanure et de l'eau. $KO + HCy = KCy + HO$. Les Cyanures sont isomorphes des chlorures correspondants. Acide faible décomposé par les carbonates. HCy donne avec un sel d'argent du Cyanure d'argent insoluble dans AzO^5 mais soluble dans AzH^3,HO, comme le chlorure correspondant.	Il est formé de volumes égaux de Cyanogène et d'Hydrogène unis sans condensation. H = 3.70 Az = 96.30 100	On le prépare en faisant chauffer le Cyanure de mercure avec l'acide Chlorhydrique. $HgCy + HCl = HCy + HgCl$. Il est accompagné après la décomposition d'acide HCl, de vapeur d'eau et d'acide CO^2 ; on obtient ce corps en faisant passer le mélange dans un tube contenant des fragments de marbre et de chlorure de Calcium. HCy ainsi pur se condense dans un tube en U entouré d'un mélange réfrigérant	Étendu de beaucoup d'eau est employé en médecine	

TABLEAUX COMPARATIFS

des Composés

de

MÉTALLOÏDES

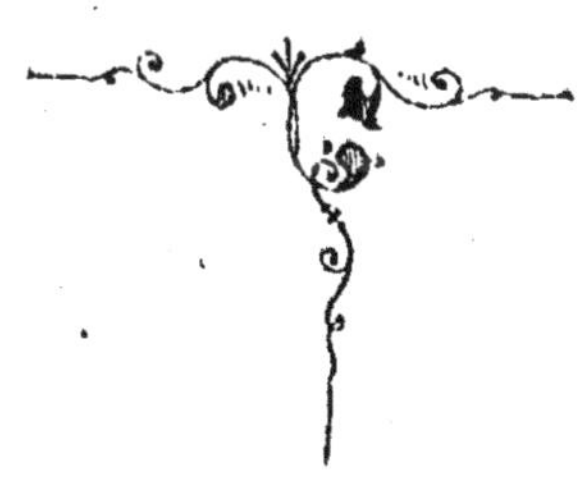

Composés	Propriétés physiques	Propriétés chimiques	Composition
Composés Oxygénés		Tous décomposables par la chaleur.	
AzO; Protoxyde d'Azote. Équivalents: en poids 22, en vol 2. Densité: 1.527.	Gaz, incolore, inodore, saveur sucrée. Soluble dans l'eau. Liquéfiable. Anesthésique.	Neutre, très instable. Comburant.	On le dét. dans une cloche courbe. On trouve que 1 vol. d'AzO est formé de: Az 1 vol, O ½ vol. en poids 63.67 / 36,33 } 100.
AzO^2 Bioxyde d'Azote. Équivalents: en poids 30, en vol 4. Densité: 1.039	Gaz incolore, odeur et saveur inconnues. Un peu soluble dans l'eau. Permanent.	Neutre; peu stable, comburant. Combustible quand il est mélangé avec de la vapeur de CS^2.	On le dét dans une cloche courbe. Il est composé de: Az 1 vol, O 1 vol. en poids 46.67 / 53.33 } 100
AzO^3 Acide Azoteux. Équivalents: en poids 38. en vol ". Densité: "	Inconnu à l'état libre.	Acide; on connaît des Azotites	"
AzO^4 Acide Hypoazotique. Équivalents: en poids 46, en vol 4. Densité: 1.451	Liquide incolore, bout à 22°, se solidifie à −9°. Violent poison.	Acide; le plus stable des composés de l'Azote. Donne avec un oxyde, un mélange d'Azotate et d'Azotite	En faisant passer un vol. connu de ce gaz sur du Cuivre chauffé au rouge: Az 2 vol, O 4 vol, en poids 30.44 / 69.56 } 100
AzO^5 Acide Azotique. Équivalents: en poids 54. en vol. ". Deux hydrates différents	AzO^5,HO.- Liquide jaunâtre. Densité 1.42 fume à l'air. Bout à 86°. $AzO^5,4HO$.- Liquide incolore. Densité 1.52. ne fume pas à l'air bout à 123°.	Acide très fort, attaqué par les métaux et les métalloïdes, donne des Azotates. Décomposable au rouge. Oxydant énergique.	Dans une cloche courbe, ou par le procédé de Marignac. Az 2 vol. O 6 vol. en poids 25.49 / 69.56 } 100
Composé hydrogéné			
AzH^3,HO. Ammoniaque. Équivalents: en poids 17, en vol 4. Densité: 0.596.	Gaz, incolore, odeur vive caractéristique. Très soluble dans l'eau. Liquéfiable. Violent poison.	Base volatile. Décomposée facilement par la chaleur et l'électricité. Décomposée par beaucoup de métaux et de métalloïdes qui leur prennent les uns son Az les autres son Hydrogène. Combustible dans l'Oxygène	Dans l'Eudiomètre à mercure 4 vol d'AzH^3 et 4 vol d'O. on trouve: Az 2 vol, H 6 vol en poids 82.36 / 17.64 } 100

Composés	Propriétés physiques	Propriétés chimiques	Composition
Composés oxygénés.			
CO^2 Acide Carbonique. Equivalents en vol. 2 en poids 22 Densité 1.529	Incolore, inodore, saveur aigrelette. Soluble dans l'eau. Liquéfiable et solidifiable. Meurtrier par la respiration mais n'est pas délétère	Acide faible, rougit faiblement le Tournesol. Eteint les corps en combustion	Analyse et Synthèse donnent pour résultat. C 1 vol. en poids 27.27 O 1 vol. 72.73 } 100
CO Oxyde de Carbone Equivalents en vol. 2 en poids 14. Densité 0.967.	Incolore, inodore. Peu soluble dans l'eau. Permanent Excessivement délétère.	Neutre. N'a pas d'action sur les réactifs colorés et ne se combine ni avec les acides ni avec les bases. Combustible; brûle avec une flamme bleue	Dans l'Eudiomètre à mercure, on introduit 2 vol. de CO et 2 vol. d'Oxygène Les résultats sont. C 1 vol. en poids 42.86 O ½ " 57.14. } 100
Composés hydrogénés.		Tous sont décomposables par la chaleur; ils sont tous combustibles étant formés de 2 corps combustibles	
C^2H^4 Protocarbure d'Hydrogène Equivalents: en vol 4 en poids 16 Densité 0.556.	Incolore, inodore Insoluble dans l'eau. Permanent	Neutre. Combustible, brûle avec une flamme bleuâtre. Décomposé par la chaleur, l'électricité; et par l'Oxygène et le chlore.	Dans l'Eudiomètre à mercure. 4 vol. de C^2H^4 et 12 vol. d'O. (pour éviter les accidents, on augmente le vol. d'O nécessaire). On obtient: C 2 vol. en poids 75 H 8 " 25 } 100
C^4H^4 Bicarbure d'Hydrogène Equivalents en vol. 4 en poids. 28 Densité. 0.97.	Incolore, inodore, odeur empyreumatique un peu soluble dans l'eau liquéfiable. On ne l'a pas encore solidifié	Neutre: Brûle avec une flamme blanche éclairante Décomposable par la chaleur et par l'électricité; détruit par l'Oxygène et le chlore. Absorbable par l'acide SO^3,HO ce qui le distingue du Protocarbure	Dans l'Eudiomètre à mercure. 4 vol. de C^4H^4 et 20 vol. d'O Obtiens: C 4 vol. en poids 85.72 H 8 " 14.28 } 100

Composés	Propriétés physiques	Propriétés chimiques	Composition
Composés oxygénés 1. Série Thionique, S^2O^5,HO; S^3O^5,HO; S^4O^5,HO; S^5O^5,HO	Tous incolores, leur saveur est acide. Contiennent tous un équivalent d'eau et sont monobasiques.	Sont Acides. Décomposables par la chaleur. Leur stabilité diminue avec la quantité de soufre qu'ils contiennent. On les obtient en traitant leur sel de baryte par l'acide SO^3,HO	S^2O^5,HO en poids S 44.44, O 55.56 } 100 S^3O^5,HO " S 54.54, O 45.46 } 100 S^4O^5,HO " S 61.54, O 38.46 } 100 S^5O^5,HO " S 66.67, O 33.33 } 100
SO^2, Acide Sulfureux. Équivalents en vol. 2 en poids 32 Densité 2.234	Incolore, saveur acide, odeur irritante Soluble et Liquéfiable Impropre à la respiration	Acide. Rougit le tournesol Avide d'Oxygène, forme SO^3,HO Stable, la chaleur et l'électricité ne le décomposent pas. Éteint les corps en combustion	On l'obtient par une synthèse On trouve S ½ vol, O 1 vol, en poids 50, 50 } 100
SO^3,HO; Acide Sulfurique Équivalents en vol. 2 en poids 49 Densité 1.84.	Liquide de consistance oléagineuse. Incolore, inodore, marquant 66° à Baumé, se solidifie à −34 Violent poison	Acide très fort, il rougit le tournesol, lui donne une teinte pelure d'oignon Décomposé par la chaleur rouge. Les corps avides d'oxygène le détruisent Son réactif est le chlorure de Baryum	Il est composé de S 1 vol., O 3 ", en poids 40, 60 } 100
Composé hydrogéné HS Acide Sulfhydrique Équivalents en vol. 2 en poids 17 Densité 1.1912	Gaz incolore, d'odeur fétide. Un peu soluble dans l'eau Liquéfiable Très délétère.	Acide. Rougit le tournesol en rouge vineux Décomposé par la chaleur et l'électricité, et par les métalloïdes qui lui prennent son soufre ou son hydrogène suivant qu'ils sont électro-positifs ou électro-négatifs par rapport au Soufre ou à l'Hydrogène.	Dans une cloche courbe, on le décompose par un morceau d'étain chauffé. On trouve, S. 1, H 2, en poids 94.12, 5.88 } 100

Composés	Propriétés Physiques	Propriétés Chimiques	Composition
Composés Oxygénés.			
$PhO,3HO$. Acide hypophosphoreux.	Liquide sirupeux incolore, saveur acide. Contient 3 équivalents d'eau.	Acides. – Décomposable par la chaleur. Très avide d'Oxygène. Réducteur. Monobasique.	formé de Ph en centièmes 79.49 O 20.51 } 100
$PhO^3,3HO$. Acide phosphoreux.	Anhydre, c'est une poudre blanche qui se volatilise et qui est combustible. Hydraté, contient 3 équivalents d'eau.	Acides. – Décomposable par la chaleur. Avide d'Oxygène. Réducteur. Bibasique.	formé de Ph en centièmes 56.36 O 43.64
PhO^5, Acide phosphorique. Équivalent en poids 71 en vol. " Anhydre et hydraté	Anhydre PhO^5; poudre blanche qui fond au rouge. PhO^5,HO. – Métaphosphorique. Aspect vitreux très soluble dans l'eau. Se volatilise au rouge blanc. $PhO^5,2HO$. – Pyrophosphorique. – Aspect vitreux cristallisable. $PhO^5,3HO$. – Phosphorique ordinaire. Inodore saveur acide. Cristallisable.	Acides. Grande affinité pour l'eau. PhO^5,HO. L'eau le transforme en $PhO^5,2HO$. Coagule l'albumine. Monobasique. $PhO^5,2HO$. – L'eau le change en $PhO^5,3HO$. Neutralisé précipite en blanc l'Azotate d'argent. Bibasique. $PhO^5,3HO$. – La chaleur le ramène successivement à l'état de $PhO^5,2HO$ et de PhO^5,HO. Neutralisé précipite en jaune l'azotate d'argent. Tribasique.	La quantité d'eau de l'acide à analyser étant déterminée, la composition de l'acide anhydre est: Ph 43.36 O en centièmes 56.64
Composés hydrogénés.			
PhH^3 Phosphure gazeux.	Gaz incolore, d'odeur fétide, soluble dans l'eau, l'alcool et l'éther.	Neutres. Inflammable à 100°. Le phosphure liquide le rend spontanément inflammable. Décomposable par le chlore. Absorbable par les sels de cuivre et le [illegible]	On le dose dans une cloche courbe, en le chauffant avec du cuivre; on trouve: Ph 1/4 vol. 91.18 H 1 1/2 vol. en cent. 8.82
PhH^2 Phosphure liquide	Liquide incolore. Insoluble dans l'eau.	Neutres. Inflammable spontanément dans l'air. Décomposé à 30°. La lumière le décompose en phosphure gazeux et phosphure solide	formé de: Ph 93.94 H 6.06
Ph^2H Phosphure solide	Solide jaune, odeur de phosphore. Insoluble dans l'eau et l'alcool.	Neutres. Décomposé à 180° en H. et vap. de Ph. La lumière le transforme en acide phosphorique. Corps réducteur.	formé de Ph. 98.41 H. 1.59

Composés	Propriétés Physiques	Propriétés Chimiques	Composition	
Composés Oxygénés			en vol.	en centièmes
ClO Acide hypochloreux. Équiv. en poids 43.5 en vol. 2.	Liquide rouge vermeil, odeur pénétrante. Bout à 20°. Sa vapeur est rouge.	Acide. — Décomposable facilement par la chaleur. Oxydant énergique.	formé de: Cl 2 vol. O 1 "	81.60 18.40
ClO^3 Acide chloreux. Équiv. en poids 59.5. Densité 2.646.	Gaz. Odeur du chlore; jaune verdâtre. Soluble dans l'eau. La dissolution est jaune.	Acide. — Décomposable par la chaleur. La dissolution décolore le tournesol. Attaque vivement la plupart des métalloïdes.	formé de: Cl 2 vol. O 3 vol.	59.63 40.37
ClO^4 Acide hypochlorique. Équivalent en poids 67.5 en vol 4.	Liquide rouge foncé, saveur astringente. Assez soluble dans l'eau qu'il colore en jaune verdâtre.	Acide. Instable. Décomposable par la lumière, par la chaleur et l'électricité. Donne avec les bases un mélange de chlorite et de chlorate.	formé de: Cl 2 vol. O 4 vol.	52.56 47.44
ClO^5 Acide chlorique. Équivalent 75.5 en vol. 1	Liquide de consistance huileuse, inodore, incolore. Très soluble dans l'eau.	Acide. La dissolution est décomposable par la chaleur. Oxydant énergique, enflamme l'alcool et le papier. Détruit le tournesol.	formé de: Cl 2 vol. O 5 vol.	46.99 53.01
ClO^7 Acide perchlorique. Équivalent en poids 91.5. Densité 1.782.	On le connaît anhydre; c'est un solide inodore, qui fond à 45°. Très soluble dans l'eau.	Acide plus stable que ClO^5, ne se décompose qu'au rouge vif. Oxydant moins énergique par conséquent.	formé de: Cl 2 vol. O 7 vol.	38.77 61.23
Composé hydrogéné				
HCl Acide chlorhydrique. Équivalents en poids 36.5 en vol. 4. Densité 1.247.	Gaz incolore, odeur irritante, fumées blanches et épaisses. Très soluble dans l'eau. Liquéfiable.	Acide. Très stable, difficilement attaqué par la chaleur et l'électricité. N'est pas attaqué par les métalloïdes, mais il attaque les métaux qui décomposent l'eau.	formé de: Cl 2 vol. H 2 vol.	97.26 2.74

Composés	Propriétés Physiques	Propriétés Chimiques	Composition
Composés oxygénés Moins nombreux que ceux du chlore mais plus stables.			
Composé hydrogéné HBr. Acide Bromhydrique. Equival. en poids 81. en vol. 4 Densité 2.798	Gaz, odeur vive et piquante, incolore saveur acide. fumées blanches au contact de l'air. très soluble dans l'eau. Liquéfiable et solidifiable.	Acide. – Indécomposable par la chaleur Décomposable par le chlore et par le mercure.	formé de 2 vol. d'H. 1.24 2 vol. de Br 98.76
Composés de l'Iode			
Composé oxygéné. – bien décomposé, mais l'acide Iodique est beaucoup plus stable que l'acide chlorique.			
Composé hydrogéné. HIo Acide Iodhydrique. Equivalent en poids 129. en vol 4 Densité 4.443	Gaz incolore, odeur forte et irritante fumées blanches à l'air très soluble dans l'eau, Liquéfiable et Solidifiable.	Acide ; décomposable par une chaleur rouge en Io et Hydrogène Décomposable par le chlore, le brome et le mercure.	formé de H 2 vol. 0.78 Io 2 vol 99.22
Composés du Cyanogène			
Composés Oxygénés. – Au nombre de 3 $CyO.HO$ Cyanique ; $Cy^2O^2,2HO$, fulminique. $Cy^3O^3,3HO$. Cyanurique.		Bons acides et assez stables	
Composé hydrogéné HCy. Acide Cyanhydrique Equivalents en poids 27 en vol. 4. Densité 0.697	Liquide incolore. Soluble en toutes proportions dans l'eau Solidifiable. Très violent poison	Acide très faible. Stable quand il est pur. Combustible. Décomposable par le chlore.	formé de Cy 2 vol. 96.30 H 2 vol. 3.70

Composés	Propriétés Physiques	Propriétés Chimiques	Composition
Composés oxygénés.			
AsO^3, Acide Arsénieux Équivalent en poids. 99 en vol. 1 Densité à l'état vitreux 3.788	Solide blanc, de saveur âcre, sans odeur violent poison Un peu soluble dans l'eau et dans l'acide chlorhydrique. Liquéfiable	Acide. colore le tournesol en rouge vineux. La chaleur le volatilise sans le fondre Réduit par les corps avides d'oxygène.	formé de As. 1 vol. 75.76 O 1 vol. 24.24
AsO^5 Acide Arsénique. Équivalent en poids 115	Solide blanc, très soluble dans l'eau. Déliquescent Corps très-vénéneux.	Acide. La chaleur rouge le fond et le décompose. Ramené à l'état d'acide AsO^3 par les corps réducteurs	formé de As 65.20 O 34.80
Composé hydrogéné AsH^3. Arséniure d'Hydrogène Équivalent en poids 78 Densité 2.695.	Gazeux, odeur aliacée. Un peu soluble dans l'eau. très soluble dans l'essence de thérébentine Très vénéneux.	Neutre. Décomposable par la chaleur et l'électricité. Combustible, flammes blanches. Décomposable par le chlore le brome et l'iode	formé de As 1 vol. 96.15 H 1 vol. 3.85
Composé du Bore			
Composé oxygéné. BoO^3 Acide Borique Équivalent en poids 35	Se présente en cristaux lamelleux, incolores, saveur faible Un peu soluble dans l'eau	Acide très fixe. Sa dissolution colore en rouge vineux le tournesol. Combustible quand on le dissout dans l'alcool	formé de Bo 31.22 O 68.78
Composé du Silicium			
Composé oxygéné SiO^3 Acide Silicique Équivalent en poids 30, en vol. .. Densité 2.6	On le connaît anhydre et hydraté. anhydre.- corps dur, cristallisé qui raye le verre hydraté, flocons gélatineux, soluble dans les acides	Acide. infusible Décomposable par le chlore et le carbone	formé Si 47.07 O 52.93

OXYDES, CHLORURES, SULFURES

MÉTALLIQUES

SELS

Propriétés physiques odeur, couleur, saveur, solubilité	Propriétés chimiques Action de la chaleur, de la lumière de l'électricité, des métalloïdes et des métaux	Préparations	Usages	Etat naturel	Classification
Solides à la température ordinaire. Ternes. Mauvais conducteurs de la chaleur et de l'électricité. Ils sont en général cassants. Leur couleur est très variable ; la majeure partie cependant a une couleur uniforme : le blanc. Ils se fondent plus ou moins. Sont pas volatils en général ; les deux oxydes d'étain et d'osmium font exception pourtant. Les oxydes de la première section sont très solubles. Ceux de la deuxième section se dissolvent en petite quantité, ainsi que les oxydes de plomb et d'argent. Les autres sont insolubles.	Les oxydes métalliques sont presque tous fixes ; la plupart ne fondent qu'à des temp. élevées. Qques oxydes, ceux du mercure, d'argent, de rhodium, d'iridium, de palladium, de platine etc. perdent complètement leur oxygène au contact de la chaleur. Qques autres perdent seulement une partie de leur oxygène ; qques oxydes acides comme CrO^3, FeO^3, MnO^3 etc. et qques peroxydes comme ceux de Mn et de [illegible]. Tous les oxydes peuvent être réduits par la pile. Certains oxydes absorbent l'oxygène à diverses températures et se suroxydent. Tels sont : PbO qui devient au rouge sombre Pb^3O^4, FeO qui passe à l'état de Fe^3O^4 ; la baryte BaO qui devient BaO^2 au rouge et redevient BaO au rouge vif ; etc. L'Hydrogène réduit les oxydes des quatre dernières sections, forme de l'eau et donne le métal. Les peroxydes et sesquioxydes des premières sections sont ramenés à l'état de protoxydes. Le Carbone exerce aussi une action réductrice. Il réduit la plupart des oxydes. Le Chlore agit sur un oxyde par son affinité pour le métal. Par voie sèche on les réduit tous excepté l'alumine. Par voie humide il y a des actions différentes ; avec KO, par exemple, il peut se former KO,ClO et KCl ; et quand la solution de KO est concentrée on obtient un chlorate et un hypochlorite. Le Soufre agit par affinité pour les deux éléments de l'oxyde. Il peut se former un sulfate et un sulfure ou un polysulfure et un hyposulfite. Le Phosphore a la même action que le soufre et forme dans la réduction un phosphate et un phosphure. Les Métaux. On peut dire en général qu'un métal d'une section inférieure peut déplacer le métal d'un oxyde d'une section supérieure. Le potassium décompose tous les oxydes métalliques.	1° Grillage du métal au contact de l'air. 2° On chauffe par la chaleur le carbonate, l'azotate, le sulfate ou l'oxalate du métal et il reste l'oxyde. 3° Les oxydes insolubles se préparent en traitant un sel par une dissolution de KO, de NaO, d'AzH^3 etc. $CuO.SO^3 + KO.HO = CuO.HO + KO,SO^3$ On obtient l'oxyde de potassium et celui de sodium en traitant KO,CO^2 ou NaO,CO^2 par la chaux.	Servent en général à donner les métaux. Un grand nombre d'oxydes donnent leur métal au contact de la chaleur. D'autres plus fixes exigent l'intervention d'un corps réducteur, quelquefois de deux. L'alumine ne se réduit que par l'action combinée du Chlore et du Carbone.	On trouve dans la nature en grande quantité des oxydes métalliques, soit à l'état anhydre comme FeO^3, Fe^3O^4, MnO^2 ; soit à l'état hydraté comme Fe^2O^3,HO ou Mn^2O^3,HO. On les rencontre quelquefois cristallisés, SnO^2, ou cassitérite ou l'alumine cristallisée Al^2O^3 ou corindon. etc.	On les classe en cinq 1° Oxydes basiques. Ce sont ceux qui se combinent avec les acides pour former des sels. Ils verdissent le sirop de violettes. Les protoxydes et les sous-oxydes se rangent dans cette catégorie : KO, NaO, CuO, Hg^2O, Cu^2O ; etc. 2° Oxydes Acides. Neutralisent les oxydes basiques et possèdent les propriétés des acides. Ce sont les oxydes les plus oxygénés PbO^2, SnO^2, MnO^3, CrO^3 etc. 3° Oxydes indifférents, qui ne se combinent ni aux acides ni aux bases. Les bioxydes : BaO^2, MnO^2, CaO^2 etc. 4° Oxydes salins. Ceux qui résultent de la combinaison d'un oxyde basique et d'un oxyde acide. Mn^3O^4 peut être considéré comme formé de MnO et de Mn^2O^3 ; de même le minium $Pb^3O^4 = PbO + PbO^3$. 5° Oxydes singuliers. Ceux qui peuvent être à la fois acides ou basiques. En présence d'un acide fort ils perdent de l'oxygène et deviennent bases ; en présence d'une base forte, ils s'oxydent et deviennent acides. $MnO^2 + SO^3,HO = MnO,SO^3 + HO + O$ $KO + O + MnO^2 = KO,MnO^3$

Propriétés physiques odeur, couleur, saveur, solubilité.	Propriétés chimiques Action de la chaleur, de la lumière de l'électricité, des métalloïdes et des métaux	Préparations	Usages	État naturel	Classification
Solides en général : Il en est de liquide à la température ordinaire. Ils fondent à une températ. peu élevée. La plupart sont volatils. En général un chlorure est d'autant plus volatil qu'il contient plus de chlore. Tous les chlorures sont solubles dans l'eau, excepté le chlorure d'argent et le sous-chlorure de cuivre. Les chlorures de mercure et de plomb sont peu solubles.	La chaleur ne décompose complètement que les chlorures de platine et d'or. Les autres chlorures se volatilisent. L'électricité décompose tous les chlorures. La lumière attaque le chlorure d'argent et lui enlève une partie de son chlore. Cette réaction est utilisée en photographie. L'Oxygène décompose un certain nombre de chlorures et les transforme en oxydes. Ce sont principalement ceux des dernières sections qui sont le plus facilement décomposés. L'Hydrogène réduit facilement les chlorures des quatre dernières sections. Le métal est rendu libre et il se forme de l'acide HCl. Le chlore n'agit que sur quelques chlorures qu'il fait passer à un état de chloruration plus avancé. Le FeCl devient Fe^2Cl^3. Le Soufre peut dans certains cas décomposer un chlorure et donner un sulfure et du chlorure de soufre. L'eau n'agit pas seulement comme dissolvant, mais elle paraît décomposer certains chlorures $Al^2Cl^3 + 3HO = Al^2O^3 + 3HCl$. en chauffant un peu Les métaux d'une section décomposent généralement les chlorures d'une section supérieure. Leurs dissolution traité par AgO, AgO^5 donne un précipité blanc caillebotté insoluble dans les acides soluble dans l'Ammoniaque et hyposulfite de soude.	1° En traitant le métal par le chlore gazeux $SnCl^2$ 2° En attaquant le métal par HCl. $Zn + HCl = ZnCl + H$ 3° En traitant certains métaux par l'eau régale comme l'or et le platine 4° Les chlorures insolubles s'obtiennent en versant dans la dissolution d'un sel du métal dont on veut le chlorure une dissolution d'un chlorure soluble. On obtient par double décomp. le chlorure qu'on cherchait.	Servent à obtenir certains métaux en décomposant par la pile les chlorures de ces métaux ; on en substituant au métal du chlorure un autre qui ait plus d'affinité pour le chlore.	Plusieurs existent dans la nature : le sel gemme NaCl existe dans la mer et on le retire aussi des mines souterraines. On trouve aussi dans la nature des chlorures de Magnésium, de Potassium, de Mercure et d'argent.	On les classe en quatre catégories. 1° Chlorures basiques. Ceux qui jouent le rôle de base par rapport aux chlorures acides. Contiennent en général 1 équivalent de base et 1 équiv. de métal. KCl. NaCl. 2° Chlorures acides. Ceux dont les métaux donnent des oxacides avec l'Oxygène forment des sels avec les chlorures basiques. Sb^2Cl^3, $SnCl^2$, Au^2Cl^3, $PtCl^2$ 3° Chlorures salins. Résultat des combinaisons d'un chlorure acide et basique. Tels sont les chlorures doubles de Platine et de Potassium ou d'Étain et d'antimoine. 4° Chlorures indifférents. Ceux qui se combinent indifféremment avec les acides et les bases MgCl, MnCl 5° Les chlorures singuliers ne se combinent pas avec les autres chlorures

Propriétés physiques odeur, couleur, saveur, solubilité	Propriétés chimiques Action de la chaleur, de la lumière, de l'électricité, des métalloïdes et des métaux	Préparations	Usages	État naturel	Classification
Solides, le plus souvent cristallisés. Cassants. La plupart sont opaques, doués de l'éclat métallique. D'autres sont translucides. Ils sont généralement colorés; leur couleur varie avec leur mode de préparation. Bons conducteurs de la chaleur et de l'électricité. Ils sont généralement fusibles. Quelques-uns sont même volatils. Les sulfures alcalins sont solubles dans l'eau ainsi que les sulfures de la seconde section, comme les oxydes correspondants. Tous les autres sont <u>insolubles</u>.	La plupart des sulfures est indécomposable par la chaleur. Mais ils peuvent être ramenés à un degré de sulfuration moindre (propriété appliquée dans l'extraction du soufre.) $3FeS^2 = S^2 + Fe^3S^4$. Le sulfure d'or est réductible et donne le métal. Les sulfures peuvent absorber de l'<u>oxygène</u> et donner des sulfates. $KS + O^4 = KO, SO^3$, $BaS + O^4 = BaO, SO^3$ En dissolution on obtient des hyposulfites. On obtient qqfois l'oxyde et un oxysulfure $CuS + O^3 = CuO + SO^2$. L'<u>Hydrogène</u> agit par son affinité pour le soufre. Il réduit les sulfures des 3 dernières sections donne HS et met le métal en liberté. Le <u>Carbone</u> agit par affinité pour le soufre n'a pas cependant une grande action. Réduit qques sulfures et donne CS^2 Le <u>Chlore</u> agit par double affinité pour le S. et le métal, donne un chlorure métallique et du chlorure de soufre Les <u>Métaux</u> qui ont plus d'affinité pour le soufre que le métal d'un sulfure, déplacent ce dernier de sa combinaison. $PbS + FeS = FeS + Pb$, $FeS + Cu = CuS + Fe$. On reconnaît les sulfures à l'aide d'un acide. L'acide HCl par exemple; il se dégage de l'acide HS. Si c'est un polysulfure il se dépose du soufre. Point de dépôt pour un monosulfure	1° On chauffe le métal dans la vapeur de soufre. PbS, FeS, CuS etc. 2° En chauffant dans un creuset le sulfate avec du charbon $KO, SO^3 + 4C = KS + 4CO$ 3° On prépare les polysulfures en traitant l'oxyde par la fleur de soufre $3CuO + 6S = CuO, SO^2 + 2CuS^2$ 4° En faisant passer un courant d'HS dans une dissolution saline, il se forme un sulfure. $CuO, SO^3 + HS = CuS + SO^3, HO$	Servent à préparer un grand nombre de métaux.	On trouve dans la nature beaucoup de métaux à l'état de sulfures.	Leurs analogies avec les oxydes ont permis de leur donner une classification identique. Sulfures <u>basiques</u>. – Les sulfures alcalins et alcalino-terreux jouent le rôle de base par rapport aux sulfures dont le métal donne avec l'oxygène des oxacides. Ce sont des monosulfures BaS; KS; NaS; etc. Sulfures acides. – Les métaux qui donnent des oxacides avec l'O. donnent des sulfacides avec le soufre. CS^2; SnS^2; Au^2S^3; PtS^2. Sulfures <u>salins</u>. – Sont formés par la combinaison d'un sulfure basique et d'un sulfure acide. Le sulfure d'or insoluble mis en contact avec une dissolution d'un sulfure alcalin, se dissout en se combinant avec ce dernier. $KS + Au^2S^3 = KS, Au^2S^3$ On trouve beaucoup de sulfures salins dans la nature. Sulfures singuliers. – Analogues aux oxydes singuliers. Le bisulfure de fer est analogue au bioxyde de manganèse.

Définitions

« Un sel est le résultat de la combinaison de deux composés binaires ayant un élément commun, l'un jouant le rôle de corps électro-négatif et l'autre celui de corps électro-positif. »

La combinaison de 2 corps binaires oxygénés forme un oxysel ; de 2 chlorures, un chlorosel ; 2 sulfures forment un sulfosel ; etc —

Neutralité des Sels. — Si on verse une dissolution de potasse dans de l'acide sulfurique, on remarque que les propriétés respectives de ces deux corps disparaissent peu à peu et totalement. Quand la saturation de l'acide par la base est complète, c'est-à-dire quand le composé n'a aucun effet sur les réactifs colorés on dit que le sulfate formé est neutre.

C'est ordinairement au tournesol qu'on s'adresse pour reconnaître la neutralité d'un sel. Il est formé de la chaux et de l'acide litinique qui est rouge. Un acide rougit le tournesol parce qu'il déplace l'acide litinique. Une base le ramène au bleu parce qu'elle forme un sel avec l'acide ajouté et que la base de la teinture rendue libre se recombine avec l'acide litinique. Si l'on verse dans la teinture un sel à base moins forte que la chaux, il s'effectuera une double décompon.

On voit d'après cela que cette définition du sel neutre ne peut pas subsister pour tout mélange d'une base et d'un acide. En effet l'acide SO^3, HO donne avec CuO ; $CuO.SO^3$ de même composition que $KO.SO^3$ (neutre aux réactifs colorés) et qui rougit encore le tournesol. Cependant $KO.SO^3$ et $CuO.SO^3$ ont la même composition : la quantité d'Oxygène de l'acide, dans l'un comme dans l'autre est triple de celle de la base.

Quand l'acide est faible tous ses sels ont une réaction alcaline ; on est obligé de supposer que les oxydes qui ne forment qu'un sel ont saturé l'acide. C'est donc sur ces sels qu'on s'appuiera pour apprécier l'état de neutralité des sels du même genre.

On prendra donc comme types de sels neutres, ceux dans lesquels on admettra que l'acide a été saturé par la base et tous les sels du même acide, dans lesquels le rapport entre l'O. de la base et celui de l'acide sera le même que dans le sel type, seront neutres.

Propriétés physiques

Sont presque tous solides.

N'émettant pas de vapeurs, n'ont pas d'odeur excepté le carbonate d'Ammoniaque.

Couleurs diverses. Beaucoup sont blancs. La couleur est qq fois due à la présence de l'eau. Le sulfate de Cuivre bleu devient blanc quand on le chauffe.

Les sels formés d'acide incolore et qui sont anhydres sont incolores. Quand le sel est hydraté la couleur dépend de la base, et elle est la même que l'hydrate de la base.

Quand l'acide est coloré le sel est toujours coloré.

La saveur ne peut s'observer que dans les sels solubles, elle dépend de la base.

Solubilité

Un grand nombre de sels sont solubles. Le même poids d'eau dissout toujours le même poids de sel. L'élévation de température augmente la solubilité de beaucoup de sels.

Une eau est saturée quand elle a dissous toute la quantité de sel qu'elle peut contenir à une température donnée.

L'eau saturée d'un sel peut encore dissoudre un autre sel comme si elle n'en contenait point encore.

Certains sels très avides d'eau exposés à l'air absorbent la vapeur d'eau et se dissolvent peu à peu, ce sont les sels déliquescents.

Quand un sel se dissout il exige de la chaleur. La dissolution d'un sel est donc une cause de refroidissement. C'est le principe des mélanges réfrigérants.

Quand le sel qu'on a dissous peut se combiner avec l'eau il y a au contraire élévation de température.

Propriétés chimiques

La chaleur décompose beaucoup de sels. En particulier ceux formés d'un acide volatil et d'une base fixe ou ceux formés d'un acide fixe et d'une base volatile.

Elle décompose aussi ceux qui contiennent un acide décomposable lui-même en ses éléments.

Quand un sel contient beaucoup d'eau de cristallisation il subit la fusion aqueuse. Cette eau étant vaporisée le sel subit une 2e fusion, c'est la fusion ignée.

Certains sels décrépitent sous l'action de la chaleur.

L'Électricité décompose presque tous les sels, l'acide et l'oxygène de la base vont au pôle positif et le métal au pôle négatif. Si c'est un sel alcalin, la base décompose l'eau à froid et c'est l'oxyde et non le métal.

Quand on plonge une lame d'un métal d'une section inférieure dans la dissolution d'un sel d'une section supérieure, le sel est décomposé et le métal ajouté forme un autre sel.

$$CuO.SO^3 + Fe = FeO.SO^3 + Cu.$$

Un sel peut absorber de l'eau sous 3 façons différentes.

1° Eau d'Interposition. Quand un cristal se forme au milieu de l'eau, les lamelles cristallines contiennent un peu d'eau, c'est la cause de la décrépitation. Cette eau n'est pas unie au sel, mais à demeure à 100°.

2° Eau de Cristallisation. Un équivalent de sel se combine quelquefois avec l'eau d'où a des hydrates de sels, comme par exemple :

$$CuO.SO^3 + 5HO, \quad FeO.SO^3 + 7HO.$$

Cette eau ne disparaît que vers 200°

3° Eau de Constitution. — C'est quand elle joue le rôle de base dans un sel.

$$NaO.HO, PhO^5$$

Cette eau ne disparaît qu'au rouge.

Loi de Berthollet (au commencement de l'ouvrage)

Carbonates

Propriétés physiques	Propriétés chimiques	Preparation	Usages	Etat naturel
Les carbonats sont solides Ils sont inodores sauf le carbonate d'Ammoniaque Ils sont presque tous insolubles les carbonats alcalins sont les seuls solubles Ils se dissolvent tous dans l'eau chargée d'acide Carbonique	Les Carbonats neutres contiennent deux fois plus d'oxygène à l'acide qu'à la base. Ils sont presque tous neutres. La chaleur décompose les carbonats excepté les carbonats alcalins $PbO.CO^2 = PbO + CO^2$. Les Carbonats alcalino-terreux exigent la plus haute température La vapeur d'eau peut hâter la décomposition d'un carbonate par la chaleur L'oxygène peut suroxyder certaines bases $FeO,CO^2 + O = Fe^2O^3,CO^2$. L'Hydrogène porte son action sur les deux éléments du sel. Il y a formation d'eau et d'oxyde de Carbone $CuO,CO^2 + 2H = Cu + 2HO + CO$ Le Carbone porte son action sur l'acide et la base forme du CO $PbO,CO^2 = Pb + 2CO$ Le Phosphore réagit à la fois sur les deux éléments, il se dégage du CO et il se forme du phosphate et du phosphure Les acides décomposent en général les Carbonats à froid (loi de Berthollet) Ils ont tous une réaction alcaline sur les réactifs colorés cette réaction est plus marquée dans les carbonats neutres que dans les carbonats acides.	On prépare les carbonats alcalins Potasse, Soude, Ammoniaque... en faisant passer à travers une dissolution de la base un courant de CO^2. Un carbonate insoluble peut se préparer par double décomposition en appliquant une loi de Berthollet $BaO,AzO^5 + KO.CO^2 = BaO,CO^2 + KO,AzO^5$	Ils ont de très grands usages on se sert ordinairement en grande quantité des carbonats de chaux, de potasse, de soude, de plomb (Céruse). Le carbonate de chaux a aussi son emploi dans la végétation. Il est transporté par l'eau chargée d'acide CO^2	On trouve dans la nature un très grand nombre de carbonats. Carbonates de chaux, de Magnésie, de Cuivre etc.

Propriétés physiques	Propriétés Chimiques	Préparations	Usages	Etat naturel
Carbonate de chaux				
Le carbonate de chaux est connu sous un très grand nombre de formes & de noms. C'est le spath d'Islande, l'aragonite, les marbres, les calcaires, la craie etc. Il est insoluble dans l'eau pure mais soluble dans l'eau chargée d'acide CO^2	Se décompose à une température rouge en acide carbonique & en chaux. C'est sur cette propriété qu'est fondée la préparation de la chaux. Quand on fait passer un courant de CO^2 sur du carbonate de chaux dans l'eau, il se dissout parce qu'il se forme du bicarbonate qui est soluble.		Le carbonate de chaux est employé sous toutes ses variétés; sous forme de calcaire, dans les constructions; comme marbre il est aussi d'un usage très fréquent etc.	On trouve dans la nature toute sa forme de carbonates; le calcaire est très commun.
Carbonate de Potasse				
Solide de saveur âcre & légèrement caustique. Cristallise en tables rhomboïdales. Très soluble dans l'eau & même déliquescent. Insoluble dans l'alcool.	Il est fusible à une température rouge mais il est indécomposable par la chaleur seule. Se décompose quand on fait intervenir la vapeur d'eau: il se forme de l'hydrate de potasse. Le charbon décompose KO,CO^2 & donne du potassium.	On le prépare en traitant par la chaleur certains végétaux qui contiennent de la potasse unie à divers acides. La calcination transforme ces différents sels en carbonate de potasse.	Employé surtout dans la fabrication des savons, des cristaux, du bleu de Prusse. Employé dans la fabrication du verre.	Se trouve dans les cendres des végétaux.
Carbonate de Soude				
Solide incolore, inodore, saveur âcre & légèrement caustique, d'une réaction alcaline. Très soluble dans l'eau bouillante	Le carbonate de soude est décomposé par la chaleur rouge par la vapeur d'eau qui en dégage tout l'acide CO^2 & qui donne NaO,HO. La chaux, la baryte, etc. isolent la soude & forment des carbonates. Le phosphore forme du phosphate de soude en mettant en liberté le carbone.	On l'obtient en décomposant par la craie & le charbon, à l'aide de la chaleur, le sulfate de soude, qu'on produit soi-même en traitant le sel marin par l'acide sulfurique	Sert dans la fabrication du verre & celle des savons. Sert dans le lessivage des fils & des tissus.	"
Carbonate de Plomb (Céruse)				
La céruse est insipide, blanche. Insoluble dans l'eau pure, soluble dans l'eau chargée de CO^2, se dissout très bien dans les acides	La chaleur le décompose, elle lui enlève son eau & son acide carbonique et il se forme du minium. L'acide sulfhydrique le noircit. Son action sur l'organisme est dangereuse.	Procédé de Clichy: — En faisant passer un courant de CO^2 dans une dissolution d'acétate tribasique de plomb. Procédé Hollandais. On attaque des lames de plomb par l'acide acétique avec un dégagement continuel d'acide carbonique.	Employé en grand dans la peinture pour les vernis	"

Propriétés physiques

Corps solides.

Tous solubles dans l'eau excepté ceux de Baryte, de Plomb ; ceux de Strontiane et de chaux sont peu solubles.

Les sulfates insolubles chauffés avec NaO,CO^2 deviennent $NaO.SO^3$ soluble et faciles à reconnaître.

Ils sont tous insolubles dans l'alcool.

Propriétés chimiques

La chaleur décompose tous les sulfates excepté les sulfates alcalins et alcalino-terreux, le sulfate de Magnésie et le sulfate de Plomb.

Ils laissent dégager de l'oxygène et de l'acide sulfureux.

La base devenue libre éprouve les mêmes modifications que si on la chauffait en présence de l'oxygène, tantôt elle reste inaltérée, tantôt elle se suroxyde. Les sulfates de mercure, d'argent, de palladium laissent un résidu métallique quand on les calcine.

L'action des métalloïdes peut en général se prévoir ; c'est celle qui se produirait dans les mêmes conditions de température sur l'acide sulfurique et l'oxyde s'ils étaient seuls.

La principale action est celle du charbon. Tous les sulfates sont décomposés par le charbon. Les sulfates alcalins et alcalino-terreux, donnent des monosulfures quand ils sont chauffés à une température blanche et des polysulfures mêlés à des oxydes si la température ne dépasse pas le rouge sombre.

Les sulfates des métaux proprement dits donnent de l'acide carbonique, de l'oxyde de carbone, de l'acide sulfureux, du sulfure de carbone, un sulfure alcalin et quelquefois même le métal libre.

L'Hydrogène a une action analogue.

Les sulfates neutres rougissent le tournesol à l'exception des sulfates alcalins et alcalino-terreux.

Les sulfates solubles sont caractérisés par la propriété de former dans une dissolution étendue d'un sel de baryte un précipité blanc de $BaO.SO^3$

Préparations

1°- En faisant réagir directement l'acide sulfurique sur le métal.

La réaction se fait à froid, comme avec le zinc,

ou à chaud comme avec le mercure ou le cuivre ;

On peut encore le faire agir sur un oxyde comme la chaux, ou sur un sulfure ; ou encore sur un sel comme un carbonate.

2°- On prépare quelquefois les sulfates par l'oxydation des sulfures au contact de l'air et sous l'influence de l'eau.

C'est ainsi que se préparent les sulfates de fer et de cuivre.

Usages

Emplois divers et fréquents.

$KO.SO^3$ dans les aluns, avec Cr^2O^3, $3SO^3$.

$NaO.SO^3$ à préparer le carbonate de soude.

$CaO.SO^3$ a son emploi dans la fabrication du plâtre

etc etc.

Etat naturel

Plusieurs se trouvent dans la nature.

Le sulfate de chaux ou gypse ; le sulfate de baryte, celui de magnésie etc.

Sulfates principaux

Propriétés physiques	Propriétés chimiques	Préparations	Usages	État naturel
Sulfate de Chaux				
C'est l'anhydrite des minéralogistes quand il est anhydre. Solide, incolore, insipide, d'une saveur amère. Soluble dans l'eau. Sa densité est 2.31.	Indécomposable par la chaleur. Il se déshydrate entièrement à une température de 200°. Il devient alors pulvérulent et farineux. Ainsi déshydraté, mais au dessous de 300°, il peut se recombiner avec l'eau et il reprend sa dureté primitive.	La cuisson du plâtre s'effectue dans des fours semblables à ceux des fours à chaux	Il est employé en grande quantité dans les constructions, dans le moulage artistique et d'ornement. Employé aussi comme amendement pour certains terrains.	Se trouve tout formé dans les terrains de sédiment
Sulfate de Soude				
Sel incolore, d'une saveur fraîche et amère. Cristallise en prismes à quatre faces terminés par des sommets dièdres. Soluble dans l'eau, son coefficient va en augmentant jusqu'à 33° et en diminuant ensuite.	Indécomposable par la chaleur. Il fond d'abord dans son eau de cristallisation et présente ensuite le phénomène de la fusion ignée. Décomposé par le fer, il se forme du sulfate de fer. En se dissolvant dans l'eau produit un notable abaissement de température.	On le prépare ordinairement en traitant le sel marin par l'acide sulfurique $NaCl + SO^3,HO = NaO,SO^3 + HCl$ Cette décomposition s'opère dans de grands cylindres de fonte qui communiquent avec des bonbonnes destinées à condenser l'acide HCl.	Ses usages sont importants. Il sert principalement à la fabrication du verre et du carbonate de soude. Employé comme purgatif.	Il existe dans les eaux de la mer. Il existe tout formé en Espagne, dans les salines de l'Èbre, en Catalogne, dans la province de Madrid. Etc
Sulfate de Potasse				
Il est anhydre. Cristallise en prismes à six faces. Soluble dans l'eau. La courbe de solubilité est sensiblement une ligne droite. Insoluble dans l'alcool et dans une dissolution concentrée de potasse.	Indécomposable par la chaleur. Il décrépite avant sa fusion. Décomposé par le fer qui produit FeO,SO^3 et donne de la potasse de même que pour NaO,SO^3 Décomposé par l'acide chlorhydrique		Le sulfate de potasse existe en abondance dans les sels de varech. On le trouvera aussi dans les eaux de la mer.	La fabrication de l'alun a été faite en consommant de grandes quantités. Employé en médecine comme laxatif
Aluns $(KO,SO^3 + Al^2O^3,3SO^3 + 24HO)$				
Sel incolore, saveur sucrée et astringente. Cristallise en octaèdres ou en cubes. Efflorescent à l'air, très soluble dans l'eau. à 10° 100 p. d'eau dissolvent 9 parties à 100° elles en dissolvent 330 p.	La chaleur décompose le sulfate d'alumine et on a alors un mélange de KO,SO^3 et d'alumine c'est l'alun calciné. La chaleur lui enlève son eau de cristallisation. C'est alors une masse vitreuse c'est l'alun de roche. Continuant à chauffer c'est une masse blanche boursouflée alun calciné	On calcine l'alunite (mélange de KO,SO^3 et de silicate d'alumine) on obtient ainsi l'alun de Rome c'est le plus pur. On fait griller des schistes pyriteux qui contiennent FeO,SO^3 et de l'alumine; il se forme du sulfate d'alumine; en ajoutant KO,SO^3 on obtient l'alun cristallisé	Employé dans la teinture, forme des laques avec les matières colorantes. Employé en médecine comme astringent	

Propriétés physiques	Propriétés chimiques	Préparations	Usages	Etat naturel
Corps solides Tous les Azotates sont solubles dans l'eau. L'Azotate basique de Bismuth excepté.	L'oxygène de l'acide est quintuple de celui de la base. Décomposables par la chaleur. Ils fusent sur les charbons incandescents. Mélangés à de la tournure de cuivre et de l'acide sulfurique ils donnent des vapeurs rutilantes Les plus stables sont les azotates alcalins. Ils perdent deux équivalents de base et deviennent azotites Tous les autres donnent de l'acide Azotique la base ; ou la base et des vapeurs rutilantes et de l'oxygène ; dans ce cas la base peut se suroxyder L'Hydrogène à l'état naissant, décompose les Azotates et donne de l'ammoniaque. Le Carbone décompose les Azotates alcalins Le Soufre chauffé avec un azotate alcalin donne un sulfate. Le Soufre et le Carbone décomposent l'Azotate de Potasse et donnent $KO, AzO^5 + S + 3C = KS + 3CO^2 + Az$. Les Métaux qui peuvent former des oxacides décomposent les Azotates, comme celui d'antimoine par exemple Les acides SO^3, PhO^5 plus fixes que AzO^5 déplacent celui-ci de ses combinaisons. Et on reconnait alors que la liqueur peut décolorer le sulfate d'indigo, jaunir les tuyaux de plume et brunir les sels de FeO	On les prépare en traitant par l'acide AzO^5, les métaux, les oxydes, ou les sulfures.	Quelques-uns ont des emplois assez grands. L'Azotate de Potasse sert à fabriquer la Poudre	On n'en trouve qu'un petit nombre dans la nature : les Azotates de Potasse, de chaux, de soude etc —

Propriétés physiques	Propriétés chimiques	Préparations	Usages	Etat naturel
Azotate de Potasse				
C'est encore le nitre, le salpêtre ou le nitrate de potasse. Solide incolore, inodore d'une saveur fraîche et amère. Il est toujours anhydre. Sa densité est 1.933 Très soluble dans l'eau sa solubilité augmente beaucoup avec la température. Insoluble dans l'alcool absolu.	Chauffé au rouge vif il se change d'abord en azotite de potasse en perdant le tiers de son oxygène. En continuant à chauffer l'azotite de potasse se décompose en azote et oxygène et laisse un résidu de potasse et de peroxyde de potassium. Le Carbone décompose l'Azotate de Potasse $2(KO, AzO^5) + 5C = 2(KO, CO^2) + 2Az + 3CO^2$ Le Soufre a aussi une réaction $KO, AzO^5 + 2S = KO, SO^3 + SO^2 + Az$. Les acides plus fixes que AzO^5 décomposent le nitre sous l'influence de la chaleur.	On obtient ordinairement l'azotate de potasse, en transformant l'Azotate de Soude. On fait dans ce cas réagir le chlorure de potassium sur l'Azotate de soude. On l'extrait le plus généralement des matériaux salpêtrés provenant des démolitions.	Son plus grand emploi est dans la fabrication de la poudre. Dans la préparation de l'acide Azotique	On le trouve en grande quantité dans la nature. Il vient cristalliser à la surface des murs des vieux bâtiments. Il se forme dans les grottes calcaires etc —
Poudre				
C'est un mélange de Soufre, de charbon et d'Azotate de Potasse	Une élévation de température de 300° suffit pour l'enflammer et les gaz qui se forment acquièrent, à cause de leur volume une très grande force expansive, qui est encore augmentée considérablement par la température à laquelle cette décomposition les a porté. La réaction est: $KO, AzO^5 + S + 3C = KS + Az + 3CO^2$ Le volume de ces gaz, Az et CO^2, est à peu près 1300 fois celui du mélange.	On mélange les 3 composants de la poudre qu'on a au préalable broyés pendant longtemps; on humecte ce mélange et on le pilonne dans des creusets en bois. On obtient ainsi une matière brune qu'on met sous forme de galette, on la fait sécher au soleil ou par un courant d'air chaud et on la tamise ensuite.	Employée en grande quantité pour les armes à feu. Sert aux mineurs pour la rupture des rochers. Employée aussi par les artificiers	
Azotate de Soude				
Sel incolore, cristallisé en rhomboèdres se rapprochant du cube. Assez soluble dans l'eau Très peu soluble dans l'alcool Déliquescent dans l'air humide	Sous l'action de la chaleur se décompose d'abord en Azotite de soude et ensuite en soude anhydre comme l'Azotate de Potasse, aussi le remplace-t-il dans la plupart de ses usages	Ce sel arrive du Pérou ou du Chili. Il contient aussi du sulfate de soude et du sel marin. On le purifie en le lavant avec de l'eau saturée d'Azotate de soude pur et parfaitement cristallisé. Il se dépose alors sous la forme de cristaux rhomboédriques	Employé dans la préparation de l'acide Azotique et de l'Azotate de Potasse. Il sert comme engrais, mélangé au fumier	Il existe en grande quantité au Pérou.

Sels de Plomb. – Ils ont une saveur sucrée
La Potasse et la Soude y donnent un précipité blanc, soluble dans un excès de réactif
L'Ammoniaque, y donne un précipité blanc, soluble.
L'acide sulfurique et les sulfates – Précipité blanc peu soluble dans l'eau
L'acide chlorhydrique et les chlorures – Précipité blanc, soluble dans l'eau bouillante
L'acide sulfhydrique y donne un précipité noir.

Sels d'Argent. – Ils sont incolores
Potasse et Soude. – Précipité brun olive, insoluble dans un excès de réactif
Acide sulfhydrique. Sulfures. – Précipité noir de sulfure d'Argent.
Acide chlorhydrique, chlorures – Précipité blanc caillebotté devenant violet à la lumière, insoluble dans l'eau et l'acide azotique, très soluble dans l'ammoniaque et l'hyposulfite de soude.

Sels de Mercure. – Sont tous volatils. Leur solution est acide au tournesol

Sels de Hg_2O
Potasse. – précipité noirâtre qui est un mélange d'oxyde de Mercure et de mercure
Ammoniaque. – précipité noirâtre
Acide HS et sulfures solubles – Précipité noir de sulfure Hg_2S.
Acide HCl et chlorures – Précipité blanc noircissant à l'Ammoniaque
Iodure de Potassium. – Précipité verdâtre. –

Sels de HgO
Potasse. – Précipité jaune d'oxyde HgO.
Ammoniaque. – Précipité blanc renfermant du sel mercuriel.
Acide HS et sulfures. – Précipité d'abord gris, puis rouge.
Acide HCl et chlorures. – Pas de précipité
Iodure de Potassium. – Précipité d'abord orangé, puis rouge, soluble dans un excès de réactif.

Le Zinc, l'Étain, le Cuivre précipitent le Mercure en poudre grise

Sels d'Étain. –

au minimum
Potasse. – Précipité blanc soluble dans un excès de réactif; noircit par la chaleur
Ammoniaque. – Précipité blanc insoluble dans un excès de réactif
Acide HS. – Précipité brun marron soluble dans les sulfures alcalins.
Acide HCl. – Pas de précipité

au maximum
Potasse. – Précipité blanc soluble dans un excès de réactif, mais ne noircit pas à la chaleur
Ammoniaque. – Précipité blanc soluble dans un excès de réactif
Acide HS. – Précipité jaune clair soluble dans les sulfures alcalins.
Acide HCl. – Pas de précipité

Sels d'Or. –
Ammoniaque. – Précipité jaune d'Ammoniure d'or
Acide HS. – Précipité noir de sulfure d'or
Acide HCl. – Rien
Protosulfate de fer en dissolution. – Précipité vert violet
Protochlorure et bichlorure d'Étain. – Précipité pourpre de Cassius

Sels d'Antimoine. – Les sels de sesquioxyde sont vénéneux
Potasse et Soude. – Ils donnent un précipité blanc soluble dans le réactif mais insoluble dans l'Ammoniaque
Acide HS. – Précipité jaune soluble dans les sulfures alcalins

Sels de Bismuth. – Incolores, décomposables par l'eau en un sel acide qui reste dissous dans l'eau et en un sel basique qui se dépose.
Potasse. – précipité blanc insoluble dans le réactif
Acide HS. – précipité noir insoluble dans le sulfhydrate d'ammoniaque

Sels de Cuivre
Les sels au minimum d'oxydation sont peu nombreux, on ne connaît bien que le sous-chlorure. On le reconnaît ainsi:
Potasse. – Précipité jaune, qui rougit quand on fait bouillir la liqueur.
Ammoniaque. – Précipité jaune, un excès de réactif redissout le précipité et donne une liqueur d'abord incolore, qui bleuit à l'air.
Les sels au maximum d'oxydation, CuO sont vénéneux, sont bleus ou verts; ils ont une réaction acide sur les réactifs colorés.
Potasse. – Précipité blanc bleuâtre, noircissant quand on le fait bouillir
Ammoniaque. – Précipité blanc bleuâtre, soluble dans un excès d'AzH^3.
Acide HS. – Précipité noir de sulfure de Cuivre insoluble dans les sulfures alcalins
Ferrocyanure de Potassium: Précipité brun marron d'une grande sensibilité.

Sels de Nickel. –
À froid leurs solutions sont vertes, chauffées elles sont jaunâtres.
Potasse. – Précipité vert insoluble dans un excès de réactif, noircissant au chlore
Ammoniaque. – Précipité vert se dissolvant dans un excès d'ammoniaque en produisant une liqueur bleue.
Carbonates alcalins. – Précipité vert
Sulfures alcalins. – Précipité noir, ils colorent les fondants en vert

Sels de Cobalt. —

À froid leurs solutions sont roses, chauffés elles sont bleues.
Potasse. — Précipité d'abord bleu, puis rose qui brunit à l'air ou en chlore.
Ammoniaque. — Précipité bleu qui verdit à l'air et qui se dissout [illegible]
Carbonates alcalins. — Précipité rose.
Sulfures alcalins. — Précipité noir.

Sels de Zinc. — Sont incolores, saveur métallique prononcée.
Potasse, Soude, Ammoniaque. — Précipité blanc d'hydrate de protoxyde soluble dans un excès d'alcali.
Acide HS. — Précipité blanc de sulfure de Zinc.

Sels de Protoxyde de Manganèse. — Ils sont blancs, légèrement rosés.
Potasse. — Précipité blanc qui brunit à l'air.
Ammoniaque. — Pas de précipité.
Acide HS. — Pas de précipité. Mais avec le sulfhydrate d'Ammoniaque ils donnent un précipité de sulfure de Manganèse, couleur chair.

Sels de Sesquioxyde de Chrôme. — Lorsqu'on traite un sel de sesquioxyde de chrôme par un alcali on obtient un précipité vert de sesquioxyde hydraté ; cet hydrate soluble à froid dans un excès d'alcali se précipite par l'ébullition.

Sels d'Alumine. — Saveur douce d'abord puis astringente.
Potasse et Soude. — Précipité blanc d'alumine soluble dans un excès de réactif.
Ammoniaque. — Précipité blanc, mais l'alumine y est à peine soluble.
Sulfures alcalins. — Précipité blanc.

Sels de chaux, de Strontiane et de Baryte. —

Les sels de chaux donnent avec les alcalis et les carbonates alcalins des précipités blancs de chaux ou de carbonate de chaux.

La Strontiane et la Baryte précipitent par l'acide sulfurique.

La chaux précipite dans l'oxalate d'Ammoniaque et ce précipité est insoluble dans l'acide acétique. Les oxalates de Baryte et Strontiane s'y dissolvent au contraire.

Les sels de chaux colorent une flamme en jaune orangé.
Les sels de Baryte lui donnent la couleur verte
et les sels de Strontiane une couleur pourpre.

Sels de Fer. —

Sels de Protoxyde. — Leur dissolution est verte.
Potasse, Soudes. — Précipité blanc, devenu vert, puis ocreux.
Ammoniaque. — Précipité blanc soluble dans le réactif.
Carbonates alcalins. — Précipité blanc verdâtre de carbonate de FeO.
Acide HS. — Pas de précipité ; si l'on ajoute un acétate alcalin, il se forme un sulfure FeS.
Sulfhydrate d'Ammoniaque. — Précipité noir de protosulfure.
Chlorure d'Or. — Précipité brun d'or réduit.
Bioxyde d'Azote. — Ce gaz est absorbé avec coloration brune.

Sels de Peroxyde. — Leur dissolution est couleur de rouille.
Potasse et Soude. — Précipité ocreux et stable de peroxyde.
Ammoniaque. — Précipité ocreux insoluble dans un excès de réactif.
Carbonates alcalins. — Précipité ocreux de peroxyde de fer hydraté.
Acide HS. — Précipité laiteux de soufre.
Sulfhydrate d'Ammoniaque. — Précipité noir de sesquisulfure.
Chlorure d'or ; Rien.
Bioxyde d'Azote. Pas de Coloration.

Sels de Magnésie. — Saveur amère.

Ils précipitent comme les sels de Baryte, de Strontiane et de chaux par la potasse et la soude. Mais ils ne donnent rien avec le Carbonate d'Ammoniaque, et ils précipitent par l'Ammoniaque.

Sels de Potasse et de Soude.

Les sels de Potasse traités par le bichlorure de Platine donnent un précipité jaune de chloroplatinate de Potasse. Si l'on ajoute à la liqueur son volume d'alcool, toute la potasse est précipitée, de sorte que si l'on recueille le précipité sur un filtre, qu'on le lave avec de l'eau alcoolisée et qu'on le sèche on peut conclure de son poids celui de la quantité de potasse qui était dans la liqueur.

Les sels de Soude ne donnent de précipité avec aucun réactif.

On commence par dissoudre le sel.

S'il n'est dissous ni dans l'eau froide ni dans l'eau chaude on peut être certain que ce n'est pas un azotate.

Si en acidulant l'eau par l'acide azotique, le sel ne se dissout pas davantage, ce n'est pas non plus un carbonate.

Alors pour l'étudier on le fond dans un creuset de platine avec du carbonate de soude.

S'il s'est dissous dans l'eau :

1° On verse dans la dissolution de l'azotate de baryte. S'il y a précipité on a un des acides SO^3, HFl, CO^2, SO^2, S^2O^2, PhO^5, BoO^3, SiO^3.

On ajoute alors de l'acide azotique, si le précipité ne se dissout pas, on a affaire à l'un des acides SO^3 et HFl. On chauffe le sel avec de l'acide sulfurique dans un creuset de platine qu'on recouvre d'une lame de verre. Si cette lame est attaquée, le sel est formé d'HFl. Dans le cas contraire, c'est un sulfate.

Si l'on est en présence d'un des autres acides, on les reconnaît aux caractères suivants

Les carbonates, dégagent au contact d'un acide un gaz troublant l'eau de chaux.

Les sulfites, donnent un gaz d'odeur suffocante. La liqueur reste limpide.

Les hyposulfites donnent le même gaz ; mais la liqueur se trouble.

Les phosphates, précipitent les sels d'argent en blanc.

Les borates, donnent avec SO^3 un précipité qui se dissout dans un excès d'eau.

Les silicates donnent avec SO^3 un précipité blanc insoluble dans l'eau.

2° Si la liqueur n'a pas précipité l'azotate de baryte, on verse du nitrate d'argent. S'il y a précipité le sel est : un chlorure, un bromure, un iodure ou cyanure, ou un sulfure. On les reconnaît séparément aux caractères suivants

Chlorure. – Avec le nitrate d'argent précipité blanc caillebotté qui noircit à la lumière. Ce précipité ne se dissout pas dans l'acide azotique il est soluble dans l'ammoniaque et l'hyposulfite de soude.

Bromure. – Précipité par le nitrate d'argent en blanc jaunâtre. Le précipité est insoluble dans AzO^5, peu soluble dans l'ammoniaque et soluble dans l'hyposulfite de soude.

Iodures. – Précipité jaune par le nitrate d'argent, insoluble dans l'acide azotique, soluble dans l'hyposulfite de soude mais complètement insoluble dans l'ammoniaque.

Cyanure. – Précipité blanc dans le nitrate d'argent, insoluble dans l'acide azotique, soluble dans l'ammoniaque, l'hyposulfite de soude et le cyanure de potassium.

On chauffe le liquide dans un petit tube de verre avec quelques gouttes de sulfhydrate d'ammoniaque, puis on y ajoute une goutte d'un sel de peroxyde de fer ; il se forme une coloration rouge.

Sulfures. – Traités par les acides dégagent en général de l'acide HS reconnaissable à son odeur et à son action sur les sels de plomb. Chauffés à la flamme oxydante du chalumeau ou dans un tube ouvert dégagent de l'acide sulfureux.

3° Quand la solution n'a pas été précipitée par l'un des réactifs précédents, on la chauffe avec de l'acide sulfurique.

S'il se dégage des vapeurs elles sont dues soit à l'acide AzO^5 soit à l'acide ClO^5.

Les vapeurs dans le cas d'un azotate sont blanches. Ces sels chauffés avec de l'acide sulfurique et de la tournure de cuivre donnent des vapeurs rutilantes. Ils fusent sur les charbons ardents.

Les chlorates produisent avec l'acide sulfurique une vapeur vert jaunâtre d'acide hypochlorique. Ils déflagrent sur des charbons ardents.

TABLE DES MATIÈRES

Tableaux comparatifs des propriétés des composés

Oxydes, Chlorures, Sulfures, métalliques et Sels.

Imp. Gle Nublat Jne & Mulcey, St Etienne (Loire)

Imp. Gle Noblet Jne & Mulcey. Rue de la Bourse. 7.

www.ingramcontent.com/pod-product-compliance
Ingram Content Group UK Ltd.
Pitfield, Milton Keynes, MK11 3LW, UK
UKHW020931120726
13693UKWH00003B/1263

9 782016 159590